中国通信学会普及与教育工作委员会推荐教材

21世纪高职高专电子信息类规划教材

21 Shiji Gaozhi Gaozhuan Dianzi Xinxilei Guihua Jiaocai

光纤通信技术

U0378854

林燕 主编

张振中 王韵 文杰斌 编

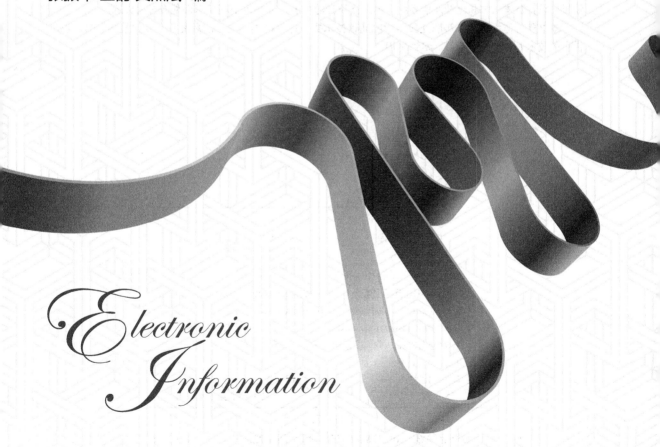

Electronic
Information

人民邮电出版社

北 京

图书在版编目（CIP）数据

光纤通信技术 / 林燕主编. -- 北京：人民邮电出版社，2014.2（2018.12重印）
21世纪高职高专电子信息类规划教材
ISBN 978-7-115-34231-7

Ⅰ. ①光… Ⅱ. ①林… Ⅲ. ①光纤通信－高等职业教育－教材 Ⅳ. ①TN929.11

中国版本图书馆CIP数据核字(2013)第317211号

内 容 提 要

本书根据工业和信息化部对传输机务员，线务员等职业岗位的要求，结合高职高专的教学要求和特点进行编写，从理论与实践的结合着手，重点突出实践。全书分 5 个项目。项目一为光纤光缆的认知，项目二为光端机，项目三为光纤通信性能指标测试，项目四为光纤通信系统应用，项目五为光端机的整体维护认知。本书系统地介绍了光纤的结构和特性，光缆的结构和型号，光学元器件，光放大器，光端机的组成，光接口和电接口参数的测量，常用仪表的使用，SDH、WDM、PTN、OTN新技术的应用，传输机房设备整体认知和光纤通信系统中继距离设计等内容，并在每个项目后面配有过关训练。

本书既可作为中、高等职业技术学院通信技术类、计算机类、电子信息类等专业的教学用书，也可供有关技术人员参考、学习、培训之用。

◆ 主 编 林 燕
编 张振中 王 韵 文杰斌
责任编辑 滑 玉
执行印制 彭志环 杨林杰

◆ 人民邮电出版社出版发行 北京市丰台区成寿寺路 11 号
邮编 100164 电子邮件 315@ptpress.com.cn
网址 http://www.ptpress.com.cn
固安县铭成印刷有限公司印刷

◆ 开本：787×1092 1/16
印张：12.75 2014 年 2 月第 1 版
字数：322 千字 2018 年 12 月河北第 6 次印刷

定价：35.00 元

读者服务热线：(010)81055256 印装质量热线：(010)81055316
反盗版热线：(010)81055315

前　言

　　光纤通信（optical fiber communication）脱颖而出，已成为现代通信的主要支柱之一，在现代电信网中起着举足轻重的作用。光纤通信作为一门新兴技术，其近年来发展速度之快、应用面之广是通信史上罕见的，也是世界新技术革命的重要标志和未来信息社会中各种信息的主要传送工具。

　　本书是作者在积累了近十年光纤通信教学经验的基础上，结合高职高专的教学要求和特点，以及工业和信息化部对传输机务员、线务员等职业岗位要求，参考了最近几年光纤通信技术的最新发展趋势和主流应用而编写的，概念清晰、内容丰富，着重定位于理论与实践的联系，重点突出实践。全书分 5 个项目：项目一，光纤光缆的认知，主要介绍了光纤通信概述、光纤的结构和特性及光缆的结构和型号；项目二，光端机，主要介绍了有源光学器件、光放大器、无源光学元件和光端机；项目三，光纤通信性能指标测试，主要介绍了常用仪表使用、光端机光接口参数测量、光端机电接口参数测量、光纤通信系统误码测量和光纤通信系统抖动测量；项目四，光纤通信系统应用，主要介绍了 SDH 技术应用简介、WDM 技术应用简介、PTN 技术应用简介、OTN 技术应用简介；项目五，光端机的整体维护认知，主要介绍了传输机房设备整体认知和光纤通信系统中继距离设计。

　　全书由林燕担任主编，并负责项目一和项目五的编写及全书审稿工作，项目二由王韵编写，项目三由张振中编写，项目四由文杰斌编写，张振中担任全书的文字整理工作。

　　由于光纤通信技术发展很快，加之编者水平有限，不可能将所有新技术涵盖，书中难免有遗漏、错误和不妥之处，敬请广大读者指正。在编写本书的过程中，得到了湖南通信职业技术学院和中国电信长沙分公司各级领导、同事的悉心指导和鼎力帮助，并参考了许多专家、学者的研究论文和专著，在此一并表示衷心的感谢。

编　者

2013 年 10 月于长沙

目 录

项目一

光纤光缆的认知

【项目导入】本项目介绍的是有关光纤通信最基本的概念，以及光纤和光缆方面的基本知识。其中，第一部分为预备知识，包括光纤通信概述、光的折射和折射率、光的偏振、色散；第二部分详细讲述了光纤的结构、性能参数、光纤的非线性和常用单模光纤的性能特点。

任务一 光纤通信概述

【任务书】

任务名称	光纤通信概述		所需学时	2
任务目标	能力目标			
	（1）要求理解光纤通信的发展现状、特点、应用及光纤通信的发展趋势；			
	（2）掌握光纤通信系统的基本组成与分类。			
	知识目标			
	（1）了解光纤通信的光波波谱；			
	（2）了解光纤通信的发展现状；			
	（3）了解光纤通信系统的基本组成与分类；			
	（4）了解光纤通信的特点与应用；			
	（5）了解光纤通信的发展趋势。			
任务描述	本任务将对光纤通信的基本概念以及光纤通信的发展趋势予以概括介绍，增强读者对光纤通信技术的感性认识。			
任务实施	通过对我国光纤通信技术现状的调研，阐述当前我国光纤通信的应用技术及其影响，最后简要介绍其发展趋势。			

【知识链接】

目前，光纤通信技术已成为现代通信的支柱技术。作为全球新一代信息技术革命的重要标志之一。光纤通信技术已经成为当今信息社会中各种多样且复杂的信息的主要传输手段，并深刻、广泛地改变了信息网架构的整体面貌，以现代信息社会最坚实的通信基础的身份，向世人展现了其无限美好的发展前景。

本项目将对光纤通信的基本概念以及光纤通信的发展趋势予以概括介绍。

一、光纤通信的基本概念

所谓光纤通信，就是利用光导纤维来传输光波信号的通信方式。

光波属于电磁波的范畴，根据波长（或频率）不同，电磁波的种类和名称如图 1-1 所示。

从图 1-1 中可以看出，属于光波范畴之内的电磁波包括紫外线、可见光和红外线。它们各自的波长范围如图 1-2 所示。

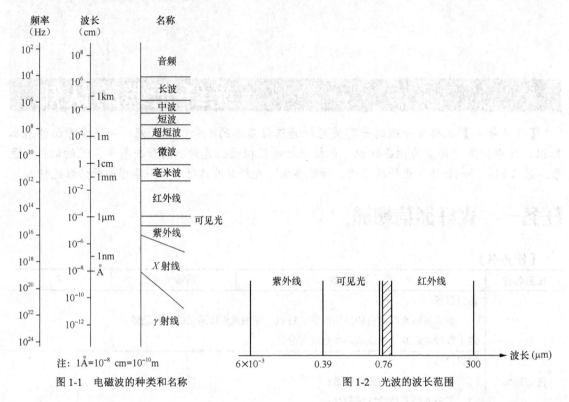

图 1-1　电磁波的种类和名称　　　　　图 1-2　光波的波长范围

目前光纤通信的实用工作波长在近红外区，即 $0.8\sim1.8\mu m$ 的波长区，对应的频率为 $167\sim375THz$ 。

光导纤维（简称光纤）本身是一种介质，目前实用通信光纤的基础材料是 SiO_2，因此它属于介质光波导的范畴。对于 SiO_2 光纤，在上述波长区内的三个低损耗窗口，是目前光纤通信的实用工作波长，即 $0.85\mu m$、$1.31\mu m$ 及 $1.55\mu m$。

二、光纤通信发展

1. 光纤通信的发展史

光纤通信起始于人类对光通信的认识。

自古以来，人类对大自然，尤其是光特别敏感，光更是成为人类早期的信息传递渠道之一，如古代的烽火台，就是一种原始的信息传递工具。所谓光通信就是利用光波来传递信息，实现通信的方式。现代光通信的雏形可追溯到 1880 年贝尔（Bell）发明的光电话，他用太阳光作为光源，通过透镜把光束聚焦在送话器前的振动镜片上，使光强度随话音的变化而变化，实现话音对光强度的调制。在接收端，用抛物面反射镜把大气传来的光束反射到电池上，硒晶体作为光接收检测器件，使光信号变换为电流，这样通过大气空间成功地传送了语音信号。由于当时没有理想的光源和传输介质，这种光电话的传输距离很短，并没有实际应用价值，因而进展很慢。然而，光电话仍是一项伟大的发明，它证明了用光波作为载波传送信息的可行性。因此，可以说贝尔光电话是现代光通信的雏型。很显然，光通信是利用光在空气中能够直线传播的特点，进行大气传输的，它不需任何线路，而且简单、经济，但对大气情况的敏感性使光通信的应用范围受到限制。

与光通信相比，电通信的成熟运用要早很多。从 20 世纪 30 年代开始，无线电载波通信获得迅速的发展，如电缆通信、微波中继，直至后来的卫星通信等，电通信系统遍及世界的各个角落。其频域涉及低频到高频的几乎所有频段。由于复用技术的发展，电通信的容量得到了尽可能的利用。然而电通信的固有缺点，如信道容量受限、投资大、设备复杂等，使得人们期待着新的通信方式的出现。

1960 年，美国人梅曼（T.H.Maiman）发明了第一台红宝石激光器，在某种意义上解决光源的问题，给光通信带来新的希望。固体激光器的发明大大提高了发射光功率，延长了传输距离，使大气激光通信可以在江河两岸、海岛之间和某些特定场合使用。但是大气激光通信的稳定性和可靠性仍然没有解决。直至 1966 年，英籍华裔科学家高锟（C.K.Kao）和霍克哈姆（C.A.Hockham）发表了关于传输介质新概念的论文，指出了利用光纤进行信息传输的可能性和技术途径，奠定了现代光通信——光纤通信的基础。更重要的是科学地预言了制造通信用、超低耗光纤的可能性，即通过加强原材料提纯，再掺入适当的掺杂剂，可以把光纤的衰耗系数降低到 20dB/km 以下。而当时世界上只能制造用于工业、医学方面的光纤，其衰耗在 1000dB/km 以上，对于制造衰耗在 20dB/km 以下的光纤，被认为是可望而不可即的。后来的事实发展雄辩地证明了高锟博士论文的理论性和科学大胆预言的正确性，所以该文被誉为光纤通信的里程碑。

1970 年，美国康宁（Corning）公司就研制成功损耗 20dB/km 的石英光纤，使光纤通信可以和同轴电缆通信竞争，把光纤通信的研究开发推向一个新阶段。

1972 年，康宁公司高纯石英多模光纤损耗降低到 4dB/km。

1973 年，美国贝尔（Bell）实验室取得了更大成绩，光纤损耗降低到 2.5dB/km。

1974 年，光纤损耗降低到 1.1dB/km。

1976 年，日本电报电话（NTT）公司将光纤损耗降低到 0.47dB/km。

1980 年，光纤损耗降低到 0.2dB/km。

与此同时，作为光源的激光器发展也很快。

1970 年，作为光纤通信用的光源也取得了实质性的进展。当年，美国贝尔实验室、日本电气公司（NEC），以及前苏联先后突破了半导体激光器在低温（−200℃）或脉冲激励条件下工作的限制，成功研制了室温下连续振荡的镓铝砷（GaAlAs）双异质结半导体激光器（短波长），这为半导体激光器的发展奠定了基础。

1973 年，半导体激光器寿命达到 7000 小时。

1976 年，日本电报电话公司研制成功发射波长为 1.3μm 的铟镓砷磷（InGaAsP）激光器。

1976 年，美国在亚特兰大进行了世界上第一个实用光纤通信系统的现场试验，系统采用 GaAlAs 激光器作光源，多模光纤作传输介质，速率为 44.7Mbit/s，传输距离约 10km。

1977 年，贝尔实验室研制的半导体激光器寿命达到 10 万小时（约 11.4 年），外推寿命达到 100 万小时，完全满足实用化的要求。

1979 年，美国电报电话（AT&T）公司和日本电报电话公司研制成功发射波长为 1.55μm

的连续振荡半导体激光器。

1980 年，美国标准化 FT-3 光纤通信系统投入商业应用，系统采用渐变型多模光纤，速率为 44.7Mbit/s。随后美国很快敷设了东西干线和南北干线，穿越 22 个州，光缆总长达 5×10^4 km。

1983 年，敷设了纵贯日本南北的光缆长途干线，全长 3400km，初期传输速率为 400Mbit/s，后来扩容到 1.6Gbit/s。

1988 年，由美、日、英、法发起的第一条横跨大西洋 TAT-8 海底光缆通信系统建成，全长 6400km。

1989 年，建成第一条横跨太平洋 TPC-3/HAW-4 海底光缆通信系统，全长 132000km。从此，海底光缆通信系统的建设全面展开，促进了全球通信网的发展。

1990 年，565Mbit/s 单模光纤通信系统迅速进入商用化阶段，零色散移位光纤、波分复用及相干光通信的现场试验被着手展开，而且同步数字体系（SDH）的技术标准也被陆续制定。

1993 年，622Mbit/s 的 SDH 产品进入商用化。

1995 年，2.5Gbit/s 的 SDH 产品进入商用化。

1998 年，10Gbit/s 的 SDH 产品进入商用化；同年，以 2.5Gbit/s 为基群、总容量为 20Gbit/s 和 40Gbit/s 的密集波分复用 DWDM 系统进入商用化。

1998 年，ITU-T 正式提出了光传送网（Optical Transport Network，OTN）的概念。

2000 年，以 10Gbit/s 为基群、总容量为 320Gbit/s 的 DWDM 系统进入商用化。

2000 年的 ITU-T 正式确定由 SGL5 组开展对 自动交换光网络（Automatically Switched Optical Network, ASON）的标准化工作。

2002 年，多业务传送平台（Multi-Service Transfer Platform，MSTP）基于 SDH 平台同时实现 TDM、ATM、以太网等业务的接入、处理和传送，提供统一网管的多业务节点的标准推出。

2006 年 2 月由 ITU-T 实现了分组传送网（Packet Transport Network， PTN）技术的标准化。

此外，光分插复用器 OADM、光交叉连接设备 OXC 等方面也取得巨大进展。

2．光纤通信在我国的发展

我国自 20 世纪 70 年代初就已开始了光纤通信技术的研究，1977 年武汉邮电科学研究院研制出中国的第一根阶跃折射率分布多模光纤，其在 850nm 的衰减系数为 3dB／km。

1979 年建立了第一个用多模短波长光纤进行的 8Mbit/s、5.7km 室内通信试验系统。

1987 年底，建成第一个国产的长途光通信系统，由武汉至荆州，全长约 250km，传输 34Mbit／s 信号。

1988 年起，国内光纤通信系统的应用已由多模光纤转为单模光纤。

1991 年，完成了第一条全国产化 140Mbit/s 的合肥至芜湖长途直埋单模光纤光缆线路，全长 150km 左右，光缆首次从水下跨越长江。

1993 年我国第一条国际光缆——中日海底光缆建成投产，从上海南汇至日本宫崎，全长 1252km，可供 15120 对人同时通电话，或开通其他非话音业务。

1993 年，建立全国产化上海至无锡的大容量 565Mbit/s 的高速系统。

1996 年，全长 2100 余公里、穿越 14 个国家的亚欧光缆投入运营。

1997 年，武汉邮电科学研究院将自行研制出的 622Mbit/s 和 2.5Gbit/s 光纤通信系统分别安装到湖北的咸宁至通城，以及海南的海口至三亚进行现场试验。

1997 年，中美海底光缆开工，北线于 1999 年 12 月初全部建成，并于 2000 年 1 月 19 日正式投入使用，是亚洲各国连通美国的主要电信线路。

原邮电部于 1988 年开始了八纵八横通信干线光纤工程的建设，包含 22 条光缆干线、总长达 33000km，至 1998 年，兰西拉（兰州—西宁—拉萨）工程建成，标志着"八纵八横"格状形光缆骨干网建成。

"八纵"如下。
（1）哈尔滨—沈阳—大连—上海—广州；
（2）齐齐哈尔—北京—郑州—广州—海口—三亚；
（3）北京—上海；
（4）北京—广州；
（5）呼和浩特—广西北海；
（6）呼和浩特—昆明；
（7）西宁—拉萨；
（8）成都—南宁。

"八横"如下。
（1）北京—兰州；
（2）青岛—银川；
（3）上海—西安；
（4）连云港—新疆伊宁；
（5）上海—重庆；
（6）杭州—成都；
（7）广州—南宁—昆明；
（8）广州—北海—昆明。

1999 年，连接 30 多个国家和地区的亚欧海底光缆（全长 4 万 km）正式投入商用。

1999 年，我国第一条最高传输速率的国家一级干线（济南—青岛）8×2.5Gbit/s 密集波分复用（DWDM）系统建成，使一对光纤的通信容量又扩大了 8 倍。

2000 年，中国电信与韩国电信、日本电信、美国 MFN 公司等 7 家世界领先的电信运营商签署了高速率跨太平洋海底光缆——亚美海底光缆的建设协议。

2006 年，中国、美国、韩国六大运营商在北京签署协议，共同出资 5 亿美元修建中国和美国之间首个兆兆级（太比特级）、10Gbit/s 波长直连的海底光缆系统——跨太平洋直达光缆系统，在北京奥运会召开前夕完工。

2012 年我国光缆线路总长度接近 1500 万 km。

现在我国具有年产近 2000 万公里光纤的预制棒生产能力，年产 4000 万 km 光纤生产能力，年产 4000 万纤 km 光缆的生产能力；拥有近百家光纤光缆、设备制造、材料生产企业，能够满足国内市场需求，并生产相当数量的产品进入国际市场。已经形成了光纤光缆产品品种齐全、材料和设备制造配套的制造体系，光缆产品质量优异，具有自主知识产权的 OPGW、ADSS 光缆和海底光缆等更是举世瞩目。

我国已掌握了世界上最宽的信息高速公路、传输信息容量达太比特级（即 1×10^{12}bit/s）

的光纤波分复用系统——全套拥有我国自主知识产权的系统。

总之，从1970年到现在的短短几十年时间，光纤通信技术取得了极其惊人的进展，用带宽极宽的光波作为传送信息的载体实现通信，光纤通信技术广泛地应用于市内电话中继和长途通信干线，成为通信线路的骨干。

三、光纤通信系统的组成

目前采用比较多的系统形式是强度调制/直接检波（IM/DD）的光纤数字通信系统。该系统主要由光发射机、光纤、光接收机以及长途干线上必须设置的光中继器组成，如图1-3所示。

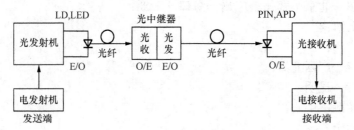

图1-3　光纤数字通信系统示意图

在点对点的光纤通信系统中，信号的传输过程如下。

电端机的作用是对来自信源的信号进行处理，例如A/D转换、多路复用等；

光发射机内有光源（如半导体激光器（LD）或半导体发光二极管（LED）等），其作用是将电信号转换成光信号耦合进光纤。

光纤的作用则是用作光信号传输的介质，目前主要采用由单模制成的不同结构形式的光缆。

光接收机内有光电检测器（如光电二极管（PIN）和雪崩光电二极管（APD）等），主要作用是将来自光纤的光信号还原成电信号，经放大、整形、再生后送入电接收机。

对于长距离的光纤通信系统，还必须设有光中继器。它的作用是放大衰减的信号，恢复失真的波形，使光脉冲得到再生。光纤通信中光中继器的形式主要有两种，一种是光—电—光转换形式的中继器，另一种是在光信号上直接放大的光放大器。

四、光纤通信的特点

在光纤通信系统中，作为载波的光波频率比电波频率高得多，而作为传输介质的光纤又比同轴电缆或波导管的损耗低得多，因此相对于电缆通信或微波通信，光纤通信具有以下优点。

1. 传输频带宽，通信容量大

一个话路的频带为4kHz，光纤通信的工作频率为$10^{12} \sim 10^{16}$Hz，从理论上讲，一根仅有头发丝粗细的光纤可以同时传输10亿个话路。虽然目前远未达到如此高的传输容量，但实际应用中可传输50万个话路，它比传统的同轴电缆、微波等要高出几千乃至几十万倍以上。一根光纤的传输容量如此巨大，而一根光缆中可以包括几十根直至上千根光纤，如果再加上波分复用技术把一根光纤当作几十根、几百根光纤使用，其通信容量之大就更加惊人了。

2．光纤衰减小，传输距离远

由于光纤具有极低的衰减系数（目前已达 0.2dB/km 以下），若配以适当的光发射、光接收设备及光放大器，可使其中继距离达数百 km 以上甚至数千 km。

3．光纤抗电磁干扰的能力强，保密性好

光纤是绝缘体材料，它不受自然界的雷电、电离层的变化和太阳黑子活动等的干扰，也不受电气化铁路馈电线和高压设备等工业电器的干扰，还可用它与高压输电线平行架设或与电力导体复合构成复合光缆。光波在光缆中传输，很难从光纤中泄漏出来，即使在转弯处，弯曲半径很小时，漏出的光波也十分微弱，若在光纤或光缆的表面涂上一层消光剂，效果更好，这样，即使光缆内光纤总数很多，也可实现无串音干扰，在光缆外面，也无法窃听到光纤中传输的信息。

4．光纤尺寸小，重量轻，便于传输和铺设

光缆的敷设方式方便灵活，既可以直埋、管道敷设，又可以水底或架空敷设。

5．光纤是由石英玻璃拉制成形，原材料来源丰富，并节约了大量有色金属

制造石英光纤的最基本原材料是 SiO_2（砂子的组成成分），地球上有取之不尽用之不竭的原材料，而电缆的主要材料是铜，世界上铜的储量并不多，用光纤取代电缆，则可节约大量的金属材料，具有合理使用地球资源的重大意义。

光纤除具有以上突出的优点外，还具有耐腐蚀力强、抗核辐射、能源消耗小等优点，其缺点如下。

（1）光纤弯曲半径不宜过小；

（2）质地脆、机械强度低，光纤的切断和连接操作技术复杂；

（3）分路、耦合麻烦。

五、光纤通信的应用

1．现代光纤通信的应用

光纤可以传输数字信号，也可以传输模拟信号。现在世界通信业务的 90%需要经光纤传输。随着光纤通信技术的发展，世界上许多国家都将光纤通信系统引入到公用电信网、中继网和接入网中。

光纤宽带干线传送网和接入网发展迅速，是当前研究开发应用的主要目标。光纤通信的各种应用可概括如下。

（1）通信网

光纤通信在通信网中应用广泛，已成为现代通信中的主流方式。

① 全球通信网。由于光纤通信系统的中继距离可以很长，所以能够设计跨越海洋的水下光纤线路，如横跨大西洋和太平洋的海底光缆以及跨越欧亚大陆的洲际光缆干线。第一个横跨大西洋的光纤通信系统（TAT-8）于 1988 年底开通运行，这是在第一个同轴铜线电缆电话系统（TAT-1）开通 32 年以后实现的。TAT-8 跨越了美国东海岸和欧洲之间约 6000km 的

距离。可以提供总体容量接近 40000 个语音信道。显现出光纤通信在容量上的优越性。而且，光纤通信与同轴线相比，光缆的重量轻得多，便于运输和敷设。如果采用更低损耗的光纤和光放大器可以减少或消除对中继器的需求。目前，所有的大洋和世界上绝大部分的海洋中都有光纤，形成了高速的通信桥梁。

② 各国的公共电信网。由于光纤具有尺寸小和信息容量大的优点，因此成为现阶段传统铜绞线电缆的最佳替代品。如我国的国家一级干线、各省二级干线和县以下的支线都基本光纤化。

③ 各种专用通信网。电力、铁道、国防等部门通信、指挥、调度、监控的光缆系统，主要是应用光纤抗电磁干扰和能实时传输和接收视频信号的优点。

④ 特殊通信。光纤具有极强的抗腐蚀能力，在石油、化工、煤矿等部门易燃易爆环境下使用光缆，具有更高的安全性。

⑤ 飞机、军舰、潜艇、导弹和宇宙飞船内部使用光缆系统，可以利用光纤重量轻、体积小、抗电磁干扰和无信号辐射的特性。

（2）构成因特网的计算机局域网和广域网

光纤通信系统特别适合于传输数字形态的数据，中央处理器（CPU）和外围设备之间、CPU 与存储器之间及多个 CPU 之间的互连都可以用光纤实现。局域网和广域网光纤的传输速率已经增加到了 100Mbit/s 和 1Gbit/s，并且，可以提供局域网之间的高速连接。对于各种不同网络拓扑的局域网和广域网都可以使用光纤传输。

（3）有线电视网的干线和分配网、工业电视系统

卫星地球站、微波线路、天线接收的电视广播和自制电视节目等信号都可以通过光纤与分配中心相连，光纤可以直接接到用户家庭的末端线路的视频分配网络中。可以用光缆中互相隔离的多根光纤或者通过频分复用方式在一根光纤中实现多个电视频道同时传送。光纤通信网络还可以应用到工厂、银行、商场、交通等部门的监控、自动控制系统的数据传输中。

（4）综合业务光纤接入网

光纤接入网分为有源接入网和无源接入网，可实现将电话、数据、视频（会议电视、可视电话等）及多媒体业务综合接入核心网，提供各种各样的社区服务。

（5）光纤传感器

严格地讲，光纤传感器不属于通信范畴。但是，光纤传感器是光纤光学一个极为重要的应用领域。光纤传感器已经成功地应用于温度测量、压力测量、旋转及平动位置测量，以及液体深度测量等领域。对于一些传感器，光纤具有双重功能：其一是传感器本身取决于光纤的一些敏感特性；其二是收集信息并通过光纤传送到信息输出端。

光纤这种奇特媒质的真正应用还仅仅是在现有电信网络内用光纤代替铜线，使通信网的性能得到了某种改善，降低了成本，而网络的拓扑基本上还是光纤通信出现之前的模式，光纤通信的潜能尚未完全发挥，在目前的通信网中光纤通信技术应用尚属于一种经典应用。在全世界范围内掀起全光通信网的潮流下，不仅仅用光纤系统传输信号，交换、复用、控制与路由选择等也全部在光域完成，由此构建真正的光纤通信网。

2．光纤通信技术的发展趋势

对光纤通信而言，超高速度、超大容量和超长距离传输一直是人们追求的目标，而全光网络也是人们不懈追求的梦想。

（1）超大容量、超长距离传输技术

波分复用（WDM）技术极大地提高了光纤传输系统的传输容量，在未来跨海光传输系统中有广阔的应用前景。近年来波分复用系统发展迅猛，目前 1.6Tbit/s 的 WDM 系统已经大量商用，同时全光传输距离也在大幅扩展。提高传输容量的另一种途径是采用光时分复用（OTDM）技术，与 WDM 通过增加单根光纤中传输的信道数来提高其传输容量不同，OTDM 技术是通过提高单信道速率来提高传输容量，其实现的单信道最高速率达640Gbit/s。仅靠 OTDM 和 WDM 来提高光通信系统的容量毕竟有限，可以把多个 OTDM 信号进行波分复用，从而大幅提高传输容量。偏振复用（PDM）技术可以明显减弱相邻信道的相互作用。由于归零（RZ）编码信号在超高速通信系统中占空较小，降低了对色散管理分布的要求，且 RZ 编码方式对光纤的非线性和偏振模色散（PMD）的适应能力较强，因此现在的超大容量 WDM/OTDM 通信系统基本上都采用 RZ 编码传输方式。WDM/OTDM 混合传输系统需要解决的关键技术基本上都包括在 OTDM 和 WDM 通信系统的关键技术中。

（2）光孤子通信

光孤子是一种特殊的 ps（皮秒）数量级的超短光脉冲，由于它在光纤的反常色散区，群速度色散和非线性效应相互平衡，因而经过光纤长距离传输后，波形和速度都保持不变。光孤子通信就是利用光孤子作为载体实现长距离无畸变的通信，在零误码的情况下信息传递可达万里之遥。

光孤子技术未来的前景：在传输速度方面采用超长距离的高速通信、时域和频域的超短脉冲控制技术以及超短脉冲的产生和应用技术，使现行速率 10~20Gbit/s 提高到 100Gbit/s 以上；在增大传输距离方面采用重定时、整形、再生技术和减少 ASE，光学滤波使传输距离提高到 100000km 以上；在高性能 EDFA 方面是获得低噪声高输出 EDFA。当然实际的光孤子通信仍然存在许多技术难题，但目前已取得的突破性进展使人们相信，光孤子通信在超长距离、高速、大容量的全光通信中，尤其在海底光通信系统中，有着光明的发展前景。

（3）全光网络

未来的高速通信网将是全光网。全光网是光纤通信技术发展的最高阶段，也是理想阶段。传统的光网络实现了节点间的全光化，但在网络结点处仍采用电器件，限制了目前通信网干线总容量的进一步提高，因此真正的全光网已成为一个非常重要的课题。

全光网络以光节点代替电节点，节点之间也是全光化，信息始终以光的形式进行传输与交换，交换机对用户信息的处理不再按比特进行，而是根据其波长来决定路由。

（4）解决全网瓶颈的手段——光接入网 FTTH 技术

随着全网的光纤化进程继续向用户侧延伸，端到端宽带连接的限制越来越集中在接入段，目前 ADSL 的上下行连接速率无法满足高端用户的长远业务需求。尽管 ADSL 和 VDSL 技术有望缓解这一压力，但其速率和传输距离的继续大幅度提高是受限的，不能指望有本质性突破。显然，随着光纤在长途网、城域网乃至接入网主干段的大量应用，符合逻辑的发展趋势是将光纤继续向接入网的配线段和引入线部分延伸，最终实现光纤到户（FTTH）。FTTH 接入方式比现有的 DSL 宽带接入方式更适合一些已经出现或即将出现的宽带业务和应用，包括电视电话会议、可视电话、视频点播、IPTV、网上游戏、远程教育和远程医疗等。

其他方面，如光交换技术、PTN 技术、OTN 技术、新的光电器件等都是当前光纤通信方面的重点发展方向。

【任务实施】

任务：了解我国光纤通信技术的现状

1．目的

（1）了解我国光纤通信技术的发展过程；

（2）了解光纤通信的技术及其应用；

（3）提高读者学习光纤通信技术课程的兴趣。

2．指导

（1）可利用图书馆、互联网等查阅相关资料，在有条件的情况下，可到有关企业进行调研；

（2）对调研的资料进行归纳整理，在综合分析的基础上撰写研究报告；

（3）研究报告中，在简述我国光纤通信技术的发展历程的基础上，要重点阐述当前我国光纤通信的应用技术及其影响，最后简要介绍其发展趋势。

3．要求

（1）在调研的基础上，撰写研究报告；

（2）资料要真实、可靠，论证要清晰、准确。

任务二　　光纤的结构和特性

【任务书】

任务名称	光纤的结构和特性		所需学时	6
任务目标	能力目标 （1）了解光纤的结构、单模光纤的分类及其应用； （2）熟练切剥光纤； （3）熟练使用仪表测量光纤的损耗参数。			
	知识目标 （1）掌握光纤导光的基本原理； （2）掌握光纤的基本结构和类型； （3）掌握光纤的传输特性。			
任务描述	本任务主要介绍光纤的结构，以及光纤导光的基本原理及其特性。通过对常用光纤基本结构和传输特性的介绍，培养读者熟练切剥光纤和使用仪表测量光纤损耗参数的能力。			
任务实施	（1）切剥光纤，了解它们的结构； （2）测量光纤的损耗参数。			

【知识链接】

光纤是构成光纤通信系统的重要组成部分，它是光纤通信的传输介质。本项目围绕光纤和光缆，主要介绍光纤、光缆的类型，以及光纤导光的基本原理及其特性。

一、预备知识

1．折射和折射率

光线在不同的介质中以不同的速度传播，看起来就好像不同的介质以不同的阻力阻碍光的传播。描述介质的这一特征的参数就是折射率，或者折射指数。所以，如果 v 是光在某种介质中的速度，c 是光在真空中的速度，那么折射率可由公式 $n=c/v$ 确定。表 1-1 中给出了一些介质的折射率。

表 1-1　　　　　　　　　　　　　不同介质的折射率

材　料	空　气	水	玻　璃	石　英	钻　石
折射率	1.003	1.33	1.52~1.89	1.43	2.42

在折射率为 n 的介质中，所有光在真空中的特性将发生变化。如光传播速度变为 c/n，光波长变为 λ_0/n（λ_0 表示光在真空中的波长）等。

当一条光线从空气中照射到物体表面（如玻璃）时，不仅它的速度会减慢，它在介质中的传播方向也会发生变化。所以，折射率可以根据光从一种介质进入另一介质时的弯曲程度来测量。通常，当一条光线照射到两种介质相接的边界时，入射光线分成两束：反射光线和折射光线（如图 1-4 所示）。

光的折射定律说明了反射光、折射光与入射光方向之间的关系。由图 1-4 看出：

$$\theta_1 = \theta_3 \qquad\qquad (1-1)$$

$$n_1 \sin\theta_1 = n_2 \sin\theta_2 \qquad\qquad (1-2)$$

当光从折射率较大的介质（如玻璃）进入折射率较小的介质（如空气）时，发生什么情况呢？

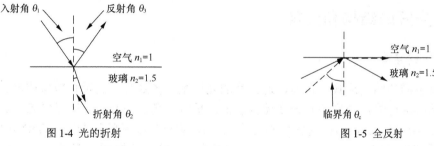

图 1-4　光的折射　　　　　　　　　　　　　　　图 1-5　全反射

如图 1-5 所示，其中入射角 θ（见图中虚线箭头）达到一定值时，折射角（见图中虚线箭头）等于 90°，光不再进入第二种介质（如空气），这时入射角被称为临界角 θ_c。如果我们继续增加入射角使 $\theta > \theta_c$，所有的光将反射回入射介质（见图中实线箭头）。因为所有的光都反射回入射介质，这一现象被称为全反射现象。

2．光的偏振

光属于横波，即光的电磁场振动方向与传播方向垂直。如果光波的振动方向始终不变，只是光波的振幅随相位改变，这样的光称为线偏振光，如图 1-6（c）和图 1-6（d）所示。从普通光源发出的光不是偏振光，而是自然光，它具有一切可能的振动方向，对光的传播方向是对称的，即在垂直于传播方向的平面内，无论哪一个方向的振动都不比其他方向占优势，如图 1-6（a）所示。实际上，我们可以用两个振动方向相互垂直，相位上相互独立的线偏振光来代替自然光，并且这两个线偏振光的光强等于自然光的总光强的一半。在研究问题时使用这种方法可以得到完全相同的结果。自然光在传播的过程中，由于外界的影响在各个振动方向的光强不相同，若某一个振动方向的光强比其他方向占优势，这种光称为部分偏振光，如图 1-6（b）所示。

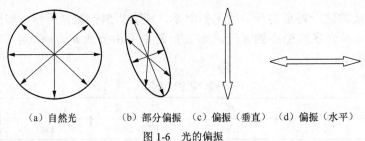

（a）自然光　　　（b）部分偏振　（c）偏振（垂直）　（d）偏振（水平）

图 1-6　光的偏振

3．光的色散

光的色散现象是一种常见的物理现象，例如当日光通过棱镜或水雾时会呈现按红橙黄绿青蓝紫顺序排列的彩色光谱。这是由于棱镜材料玻璃或水对不同波长（对应于不同的颜色）的光呈现的折射率 n 不同，从而使光的传播速度和折射角度不同，最终使不同颜色的光在空间上散开，如图 1-7 所示。

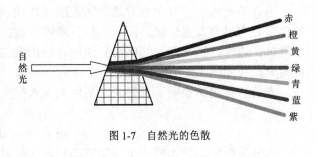

图 1-7　自然光的色散

二、光纤的结构和分类

1．光纤的结构

光纤有不同的结构形式。目前，通信用的光纤绝大多数是用石英材料做成的、横截面很小的双层同心圆柱体，外层的折射率比内层低。折射率高的中心部分叫做纤芯，其折射率为 n_1，直径为 $2a$（4～50μm）；材料为高纯度 SiO_2，掺有极少量的掺杂剂（GeO_2，P_2O_5），作用是提高纤芯折射率（n_1），以传输光信号。包层位于纤芯的周围，直径为 125μm，其成分也是含有极少量掺杂剂的高纯度 SiO_2。而掺杂剂（如 B_2O_3）的作用则是适当降低包层对光的折射率（n_2），使之略低于纤芯的折射率，即 $n_1 > n_2$，它使得光信号封闭在纤芯中传输。

光纤的最外层为涂覆层，包括一次涂覆层、缓冲层和二次涂覆层。一次涂覆层一般使用丙烯酸酯、有机硅或硅橡胶材料；缓冲层一般为性能良好的填充油膏；二次涂覆层一般多用聚丙烯或尼龙等高聚物。涂覆的作用是保护光纤不受水汽侵蚀和机械擦伤，同时又增加了光纤的机械强度与可弯曲性，起着延长光纤寿命的作用。光纤的结构如图 1-8 所示。

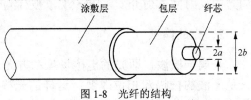

图 1-8　光纤的结构

2．光纤的分类

目前光纤的种类繁多，但就其分类方法而言大致有四种，即按光纤剖面折射率分布分类、按传播模式分类、按工作波长分类和按套塑类型分类等。此外还可以按光纤的组成成分分类，除目前最常应用的石英光纤之外，还有含氟光纤与塑料光纤等。

（1）按光纤剖面折射率分布分类——阶跃型光纤与渐变型光纤

按光纤剖面折射率分布进行分类，可分为阶跃型光纤（Step Index Fiber，SIF）和渐变型光纤（Graded Index Fiber，GIF）。

① 阶跃型光纤：是指在纤芯与包层区域内，其折射率分布分别是均匀的，其值分别为 n_1 与 n_2，而且纤芯和包层的折射率在边界处呈阶梯型变化，又称为均匀光纤。阶跃型光纤的折射率分布如图 1-9 所示。

其折射率分布的表达式为

$$n(r) = \begin{cases} n_1 & (r \leqslant a_1) \\ n_2 & (a_1 \leqslant r \leqslant a_2) \end{cases}$$

② 渐变型光纤：是指光纤轴心处的折射率最大（n_1），而沿剖面径向的增加而逐渐变小，其变化一般符合抛物线规律，到了纤芯与包层的分界处，正好降到与包层区域的折射率 n_2 相等的数值；在包层区域中其折射率的分布是均匀的，即均为 n_2，这种光纤又称为非均匀光纤。渐变型光纤的折射率分布如图 1-10 所示。

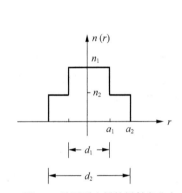

图 1-9　阶跃型光纤的折射率分布

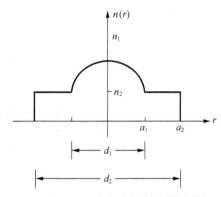

图 1-10　渐变型光纤的折射率分布

其折射率分布的表达式为

$$n(r) = \begin{cases} n_1 \left[1 - 2\Delta \left(\dfrac{r}{a_1} \right)^g \right]^{\frac{1}{2}} & (r \leqslant a_1) \\ n_2 & (a_1 < r \leqslant a_2) \end{cases}$$

式中，g 是折射率分布指数，它取不同的值折射率分布不同；n_1 为光纤轴心处的折射率；n_2 为包层区域折射率；a_1 为纤芯半径；Δ 称为相对折射率差。

至于渐变光纤的剖面折射率为何呈如此分布，其主要原因是为了降低多模光纤的模式色散，增加光纤的传输容量。

（2）按传播模式分类——多模光纤与单模光纤

众所周知，光是一种频率极高的电磁波，当它在波导——光纤中传播时，根据波动光学理论和电磁场理论，需要用麦克斯韦方程组来解决其传播方面的问题。而通过繁琐地求解麦氏方程组之后就会发现，当光纤纤芯的几何尺寸远大于光波波长时，光在光纤中会以几十种乃至几百种传播模式进行传播。

按传输的模式数量可分为多模光纤（Multi-Mode Fiber，MMF）和单模光纤（Single

Mode Fiber，SMF）。

在工作波长一定的情况下，光纤中存在多个传输模式，这种光纤就称为多模光纤。多模光纤可以采用阶跃折射率分布，也可以采用渐变折射率分布，它们的光波传输轨迹分别如图 1-11（b）、图 1-11（c）所示。多模光纤的纤芯直径约为 50μm，它的传输特性较差，带宽较窄，传输容量较小。

在工作波长一定的情况下，光纤中只有一种传输模式的光纤，这种光纤就称为单模光纤。单模光纤的纤芯直径较小，约为 4～10μm，单模光纤只能传输基模（最低阶模），不存在模间的传输时延差，具有比多模光纤大得多的带宽，这对于高速传输是非常重要的。单模光纤中的光射线轨迹如图 1-11（a）所示。

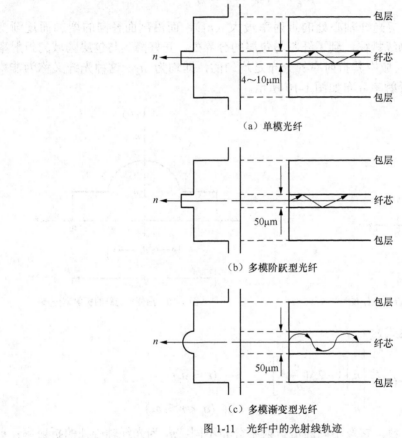

（a）单模光纤

（b）多模阶跃型光纤

（c）多模渐变型光纤

图 1-11　光纤中的光射线轨迹

（3）按工作波长分类——短波长光纤与长波长光纤

① 短波长光纤：在光纤通信发展的初期，人们使用的光波之波长在 0.6～0.9μm 范围内（典型值为 0.85μm），习惯上把在此波长范围内呈现低衰耗的光纤称作短波长光纤。短波长光纤属早期产品，目前很少采用。

② 长波长光纤：后来随着研究工作的不断深入，人们发现在波长 1.31μm 和 1.55μm 附近，石英光纤的衰耗急剧下降。不仅如此，而且在此波长范围内石英光纤的材料色散也大大减小。因此，人们的研究工作又迅速转移，并研制出在此波长范围衰耗更低，带宽更宽的光纤，习惯上把工作在 1.0～2.0μm 波长范围的光纤称为长波长光纤。

长波长光纤因具有衰耗低、带宽宽等优点，特别适用于长距离、大容量的光纤通信。

（4）按套塑类型分类——紧套光纤与松套光纤

① 紧套光纤：是指二次、三次涂敷层与预涂敷层及光纤的纤芯，以及包层等紧密地结合在一起的光纤。

未经套塑的光纤，其衰耗—温度特性本是十分优良的，但经过套塑之后其温度特性下降。这是因为套塑材料的膨胀系数比石英高得多，在低温时收缩较厉害，压迫光纤发生微弯曲，增加了光纤的衰耗。

② 松套光纤：是指经过预涂敷后的光纤松散地放置在一塑料管之内，不再进行二次、三次涂敷。

松套光纤的制造工艺简单，其衰耗——温度特性与机械性能也比紧套光纤好，因此越来越受到人们的重视，目前此类光纤居多。

三、导光原理

1．光在阶跃型光纤中的传播

（1）阶跃型光纤中的光射线种类

按几何光学射线理论，阶跃型光纤中的光射线主要有子午射线和斜射线。

① 子午射线

如图 1-12 所示，过纤芯的轴线 OO' 可做许多平面，这些平面称为子午面。子午面上的光射线在一个周期内和该中心轴相交两次，成为锯齿形波前进。这种射线称为子午射线，简称为子午线。子午线是平面折线，它在端面上的投影是一条直线。

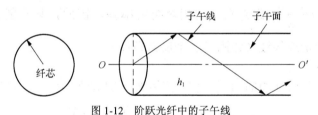

图 1-12 阶跃光纤中的子午线

② 斜射线

如图 1-13 所示，斜射线不在一个平面里，是不经过光纤轴线的射线。从投影图中可以看出，这种斜射线是限制在一定范围内传输的，这个范围称为焦散面。

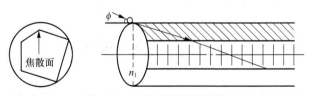

图 1-13 阶跃光纤中的斜射线

因此，斜射线是不经过光纤轴线的空间折线。在阶跃型光纤中，不论是子午线还是斜射线，都是根据全反射原理，使光波在芯子和包层的界面上全反射，而把光波限制在芯子中向前传播的。

斜射线的情况比较复杂，下面只对阶跃光纤的子午线进行分析。

（2）子午线的分析

携带信息的光波在光纤的纤芯中，由纤芯和包层的界面引导前进，这种波称为导波，下面来分析什么样的子午线才能在纤芯中形成导波，如图1-14所示。

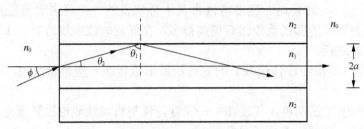

图1-14　光纤剖面上的子午射线

折射定律：
$$n_0 \sin\phi = n_1 \sin\theta_2 = n_1 \sin(\frac{\pi}{2} - \theta_1) = n_1 \cos\theta_1 \tag{1-3}$$

全反射定律：
$$\sin\theta_1 \geqslant \frac{n_2}{n_1} \tag{1-4}$$

公式(1-4)代入公式(1-3) $\Rightarrow$ $\sin\phi = \frac{n_1}{n_0}\cos\theta_1 = \frac{n_1}{n_0}\sqrt{1 - \sin^2\theta_1}$ ，于是可得

$$\sin\phi \leqslant \frac{n_1}{n_0}\sqrt{1 - (\frac{n_2}{n_1})^2} \tag{1-5}$$

由于 $n_0 = 1$ ，所以
$$\sin\phi \leqslant \sqrt{n_1^2 - n_2^2} = n_1\sqrt{2\Delta} \tag{1-6}$$

式中，$\Delta = \frac{n_1^2 - n_2^2}{2n_1^2} \approx \frac{n_1 - n_2}{n_1}$ 称为光纤的相对折射率差。因此，只有能满足式（1-6）的射线，才可以在纤芯中形成导波（即满足了全反射条件）。

（3）数值孔径的概念

表示光纤捕捉光射线能力的物理量被定义为光纤的数值孔径，用 NA 表示。

$$NA = \sin\phi_{\max} = \sqrt{n_1^2 - n_2^2} = n_1\sqrt{2\Delta} \tag{1-7}$$

数值孔径越大，就表示光纤捕捉射线的能力越强。由于弱导波光纤的相对折射指数差 Δ 很小，因此其数值孔径也不大。

（4）用波动理论分析光纤的导光原理

归一化频率

$$V = \sqrt{2\Delta}n_1 k_0 a = \frac{2\pi n_1 a\sqrt{2\Delta}}{\lambda_0} \tag{1-8}$$

它是一个直接与光的频率成正比的无量纲的重要参量，仅仅决定于光纤的结构参数和工作波长，通常称为光纤的归一化频率。

截止时标量模的特性：当光纤中出现了辐射模时，即认为导波截止，如表1-2所示。

由表1-2看出，当 $m = 0$，$n = 1$ 的 LP_{01} 模的 $Vc = 0$ 时，说明此模式在任何频率都可以传输，则 LP_{01} 模的截止波长最长。在导波系统中，截止波长最长的模是最低模，称为基模，其余所有模式均为高次模。在阶跃型光纤中，LP_{01} 模是最低工作模式，LP_{11} 模是第一高次模。

表1-2		截止情况下 LP_{mn} 模的 V_c 值	
n ＼ m	0	1	2
1	0	2.4048	3.8317
2	3.8317	5.5201	7.0156
3	7.0156	8.6537	10.1735

单模光纤是在给定的工作波长上只传输单一基模的光纤，在阶跃单模光纤中，只传输 LP_{01} 模。从表1-2中可知

$$V_c（LP_{01}）=0$$
$$V_c（LP_{11}）=2.4048$$

而模式的传输条件是 $V>V_c$ 可传，$V\leq V_c$ 截止，因此，要保证光纤中只传输 LP_{01} 一个模式，则必须满足：

$$V_c（LP_{01}）<V<V_c（LP_{11}）$$

即

$$0<V<2.4048 \qquad\qquad（1-9）$$

这就是阶跃单模光纤的单模传输条件。

在光纤中，当不能满足单模传输条件（$0<V<2.4048$）时，将有多个导波同时传输，故称多模光纤。传输模数量的多少，用 M 表示。

$$M=\frac{V^2}{2} \qquad\qquad（1-10）$$

这是阶跃多模光纤近似的模数量表示式。可以看出，导模数量是由光纤的归一化频率决定的。当纤芯半径 a 越大，工作频率越高时，传输的导波模数量就越多。

2．光在渐变型光纤中的传播

对于渐变型光纤，使用光射线理论进行定量分析是不合适的，而使用波动理论，利用麦克斯韦方程求解，显得复杂，因此这里只给出相应的定性分析。

（1）渐变型光纤中的子午线

渐变型光纤中的射线，也分为子午线和斜射线两种。渐变型光纤由于芯子中的折射指数 n_1 是随半径 r 变化的，因此子午线不是直线，而是曲线，如图1-15所示。渐变型光纤靠折射原理将子午线限制在芯子中，沿轴线传播。不同入射条件的子午线，在芯子中，将有不同轨迹的折射曲线。

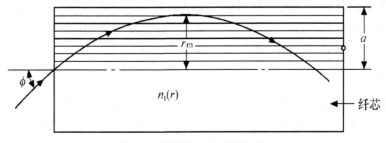

图1-15　渐变型光纤中的子午线

（2）渐变型光纤的最佳折射指数分布

渐变型光纤中，不同射线具有相同轴向速度的现象称为自聚焦现象，这种光纤称为自聚焦光纤。当光纤中的射线传输相同的轴线长度时，则靠近轴线处的射线路程短，需要的时间长；而远离轴线处的射线路程长，需要的时间短，如图1-16所示。

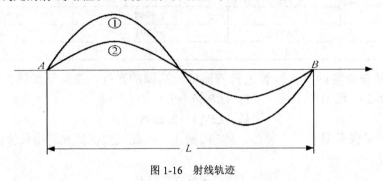

图1-16　射线轨迹

具有不同起始条件的子午线，如果它们的空间周期长度相同，则这些子午线将同时到达终端，就可以在光纤中产生自聚焦。这种可使光纤中产生自聚焦时的折射率分布，称为最佳折射指数分布。

（3）渐变型光纤的本地数值孔径

渐变型光纤的本地数值孔径与该点的折射指数 $n(r)$ 有关。当折射指数越大时，本地数值孔径也越大，表示光纤捕捉射线的能力就越强。芯子中的折射指数是随 r 的增加而减小的，轴线处的折射指数最大，即表明轴线处捕捉射线的能力最强。渐变型光纤芯子中某一点的数值孔径 ，可写为

$$NA(r) = \sqrt{n^2(r) - n^2(a)} \qquad (1\text{-}11)$$

（4）渐变型光纤的基模和模数量

渐变型光纤的基模为 LP_{00} 模，平方律型折射指数分布光纤中总的模数量为

$$M_{max} = \frac{V^2}{4} \qquad (1\text{-}12)$$

从式（1-10）中可以看出，渐变型光纤中的模数量与光纤的归一化频率的平方成正比，在相同 V 的情况下，它比阶跃型光纤中的模数量减少一半。

四、光纤的特性

光信号经过一定距离的光纤传输后要产生衰减和畸变，从而使输入的光信号脉冲和输出的光信号脉冲不同，其表现为光脉冲的幅度衰减和波形的展宽。产生该现象的原因是光纤中存在损耗和色散。损耗和色散是描述光纤传输特性的最主要参数，它们限制了系统的传输距离和传输容量。本节主要讨论光纤损耗和色散的机理和特性。

1．光纤的损耗

光纤的衰减或损耗是一个非常重要的、对光信号的传播产生制约作用的特性。光纤的损耗限制了没有光放大的光信号的传播距离， 光纤的损耗主要取决于吸收损耗、散射损耗、弯曲损耗三种损耗。

（1）吸收损耗

光纤吸收损耗是由制造光纤的材料本身造成的，包括紫外吸收、红外吸收和杂质吸收。

① 红外和紫外吸收损耗

光纤材料组成的原子系统中，一些处于低能级的电子会吸收光波能量而跃迁到高能级状态。这种吸收的中心波长在紫外的 0.16μm 处，吸收峰很强，其尾巴延伸到光纤通信波段，在短波长区吸收峰值达 1dB/km，在长波长区则小得多，约 0.05dB/km。

在红外波段光纤基质材料石英玻璃的 Si-O 键因振动吸收能量，这种吸收带损耗在 9.1μm、12.5μm 及 21μm 处峰值可达 10dB/km 以上，因此构成了石英光纤工作波长的上限。红外吸收带的带尾也向光纤通信波段延伸，但影响小于紫外吸收带，在 $\lambda=1.55$μm 时由红外吸收引起的损耗小于 0.01dB/km。

② 氢氧根离子 OH⁻吸收损耗

在石英光纤中 OH⁻键的基本谐振波长为 2.73μm 与 Si-O 键的谐振波长相互影响，在光纤的传输频带内产生一系列的吸收峰，影响较大的是在 1.39、1.24 及 0.95μm 波长上，在峰之间的低损耗区构成了光纤通信的三个传输窗口。目前由于工艺的改进，降低了氢氧根离子 OH⁻浓度，这些吸收峰的影响已很小。

③ 金属离子吸收损耗

光纤材料中的金属杂质，如金属离子铁 Fe^{3+}、铜 Cu^{2+}、锰 Mn^{3+}、镍 Ni^{3+}、钴 Co^{3+} 及铬 Cr^{3+} 等。它们的电子结构产生边带吸收峰 0.5~1.1μm，造成损耗，现在由于工艺的改进使这些杂质的含量在 10^{-9} 以下，因此它们的影响已很小。在光纤材料中的杂质如氢氧根离子 OH⁻，过渡金属离子铜、铁、铬等，对光的吸收能力极强，它们是产生光纤损耗的主要因素，因此要想获得低损耗光纤，必须对制造光纤用的原材料 SiO_2 等进行十分严格的化学提纯，使其纯度达 99.9999%以上。

（2）散射损耗

散射损耗通常是由于光纤材料密度的微观变化，以及所含 SiO_2、GeO_2 和 P_2O_5 等成分的浓度不均匀，使得光纤中出现一些折射率分布不均匀的局部区域，从而引起光的散射，将一部分光功率散射到光纤外部引起损耗；或者在制造光纤的过程中，在纤芯和包层交界面上出现某些缺陷、残留一些气泡和气痕等。这些结构上的缺陷的几何尺寸远大于光波波长，引起与波长无关的散射损耗，并且将整个光纤损耗谱曲线上移，但这种散射损耗相对前一种散射损耗而言要小得多。

（3）弯曲损耗

光纤的弯曲会引起辐射损耗。实际中，光纤可能出现两种情况的弯曲：一种是曲率半径比光纤直径大得多的弯曲，例如，在敷设光缆时可能出现这种弯曲；一种是微弯曲，产生微弯曲的原因很多：如光纤和光缆的生产过程中限于工艺条件，都可能产生微弯曲，不同曲率半径的微弯曲沿光纤随机分布。大曲率半径的弯曲光纤比直光纤中传输的模式数量要少。有一部分模式辐射到光纤外引起损耗，随机分布的光纤微弯曲，将使光纤中产生模式耦合，造成能量辐射损耗，光纤的弯曲损耗不可避免。因为不能保证光纤和光缆在生产过程中或是在使用过程中不产生任何形式的弯曲。

弯曲损耗与模场直径有关，G.652 光纤在 1550nm 波长区的弯曲损耗应不大于 1dB，G.655 光纤在 1550nm 波长区的弯曲损耗应不大于 0.5dB。在弯曲半径较大的情况下，弯曲损耗对光纤衰减系数的影响不大，决定光纤衰减系数的损耗主要是吸收损耗和散射损耗。

综合以上几个方面的损耗，单模光纤的衰减系数一般分别为 0.3～0.4dB/km（1310nm 区域）和 0.17～0.25dB/km（1550nm 区域）。ITU-T G.652 建议规定光纤在 1310nm 和 1550nm 的衰减系数应分别小于 0.5dB/km 和 0.4dB/km。

2．衰减系数

损耗是光纤的主要特性之一，描述光纤损耗的主要参数是衰减系数，光纤的特性如图 1-17 所示。

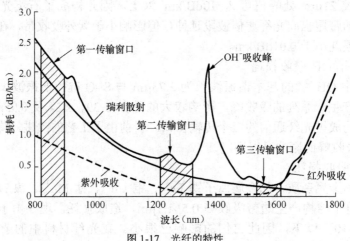

图 1-17　光纤的特性

光纤的衰减系数是指光在单位长度光纤中传输时的衰耗量，单位一般用 dB/km，衰减示数

$$\alpha = \frac{10}{L} \lg \frac{P_i}{P_0}$$

（1-13）

衰减系数是光纤最重要的特性参数之一。因为它在很大程度上决定了光纤通信的传输距离，在单模光纤中有两个低损耗区域：分别在 1310nm 和 1550nm 附近，也就是我们通常说的 1310nm 窗口和 1550nm 窗口。

3．光纤的色散

（1）色散的定义及归类

光纤的色散指光纤中携带信号能量的各种模式成分或信号自身的不同频率成分因群速度不同，在传播过程中互相散开，从而引起信号失真的物理现象。一般光纤存在以下三种色散。

模式色散：光纤中携带同一个频率信号能量的各种模式成分，在传输过程中由于不同模式的时间延迟不同而引起的色散。

材料色散：由于光纤纤芯材料的折射率随频率变化而变化，使得光纤中不同频率的信号分量具有不同的传播速度而引起的色散。

波导色散：光纤中具有同一个模式但携带不同频率的信号，因为不同的传播群速度而引起的色散。

几种典型光纤的色散特性如图 1-18 所示。

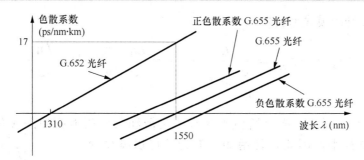

图 1-18 典型光纤的色散特性

（2）光纤色散的表示方法

色散的大小用时延差来表示。下面分两步讨论如何用时延差表示色散的大小。

时延：时延是指信号传输单位长度时，所需要的时间，用 τ 表示。

时延差：不同速度的信号，传输同样的距离，需要不同的时间，即各信号的时延不同，这种时延上的差别，称为时延差，用 $\Delta\tau$ 表示，它的单位为 ps/km·nm。时延差可由不同的频率成分引起，也可由不同的模式成分引起。

时延并不代表色散的大小，色散的程度应用时延差表示，时延差越大，色散就越严重。

① 单模光纤中的色散

由于单模光纤中只有基模传输，因此不存在模式色散，只有材料色散和波导色散。从图 1-19 中可以看出，当波长在 1.31μm 附近时，材料色散和波导色散相互抵消，使光纤中总色散为零，因此称其为零色散波长。

② 多模光纤的色散

在多模光纤中，一般模式色散占主要地位。模式色散的大小，一般是以光纤中传输的最高模式与最低模式之间的时延差来表示的。下面我们主要讨论多模阶跃型光纤的色散。

图 1-20 示出了两条不同的子午线，它代

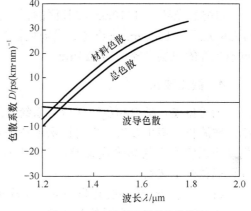

图 1-19 阶跃单模光纤的色散特性

表不同模式的传输路径。由于各射线的 θ_1 不同，其轴向的传输速度也不同，因此引起了模式色散。

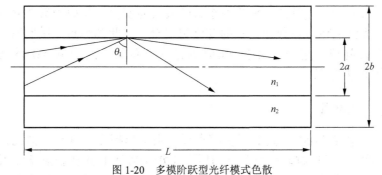

图 1-20 多模阶跃型光纤模式色散

根据几何光学，设在长为 L 的光纤中，这两条射线沿轴方向传播的速度分别为 c/n_1 和

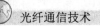

$c/n_1\sin\theta_c$。因此光纤的模式色散为

$$\Delta\tau_M = \Delta\tau_{max} = \frac{L}{\frac{c}{n_1}\sin\theta_c} - \frac{L}{\frac{c}{n_1}} = \frac{Ln_1}{c}(\frac{n_1}{n_2}-1) \approx \frac{Ln_1}{c}\Delta \tag{1-14}$$

从式（1-14）中看出，多模阶跃型光纤的色散和相对折射指数差Δ有关，而弱导波光纤 $n_1 \rightarrow n_2$，Δ很小，因此，使用弱导波光纤可以减少模式色散。

（3）模场直径

单模光纤的纤芯直径为 4～10μm，与工作波长 1.3～1.6μm 处于同一量级，由于衍射效应，不易测出纤芯半径的精确值。此外，由于基模 LP_{01} 场强的分布不只局限于纤芯之内，因而单模光纤纤芯直径的概念在物理上已没有什么意义，所以改用模场直径的概念。模场直径是产生空间光强分布的基模场分布的有效直径，也就是通常说的基模光斑的直径，如图1-21 所示。

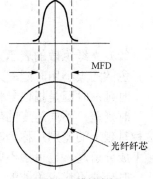

图 1-21 模场直径

G.652 光纤在 1310nm 波长区的模场直径标称值在 8.6～9.5μm 范围，偏差小于 10%；G.655 光纤在 1550nm 波长区的模场直径标称值在 8～11μm 范围，偏差小于 10%。上述两种单模光纤的包层直径均为 125μm。

4．截止波长

为避免模式噪声和色散代价，系统光缆中的最短光缆长度的截止波长应该小于系统的最低工作波长，截止波长条件可以保证在最短光缆长度上单模传输，并且可以抑制高阶模的产生或可以将产生的高阶模式噪声功率代价减小到完全可以忽略的地步。目前 ITU-T 定义了以下三种截止波长。

（1）短于 2m 长跳线光缆中的一次涂覆光纤的截止波长；

（2）22m 长成缆光纤的截止波长；

（3）2～20m 长跳线光缆的截止波长。

5．零色散斜率

在零色散波长附近，光纤的色度色散系数随波长而变化，其曲线斜率称为零色散斜率。其值越小，说明光纤的色散系数随波长的变化越缓慢，因此越容易一次性地对其区域内的所有光波长进行色散补偿，这一点对于 WDM 系统尤其重要，因为 WDM 系统是工作在某个波长区而不是某个单波长。

五．光纤的种类

ITU-T 首先在建议 G.651 中定义了多模光纤。由于单模光纤具有低损耗、带宽大、易于扩容和成本低等特点，目前国际上已一致认同 SDH/DWDM 光传输系统使用单模光纤作为传输媒质。ITU-T 分别在 G.652、G.653、G.654、G.655 和 G.656 建议中定义了五种单模光纤，在此一并予以简要介绍。

1. G.651 光纤

G.651 光纤是一种折射率渐变型多模光纤，主要应用于 850nm 和 1310nm 两个波长区域的模拟或数字信号传输。其纤芯直径为 50μm，包层直径为 125μm。在 850nm 波长区衰减系数低于 4dB/km，色散系数低于 120ps/nm·km；在 1310nm 波长区衰减系数低于 2dB/km，色散系数低于 6ps/nm·km。

2. G.652 光纤

G.652 光纤即指零色散点在 1310nm 波长附近的常规单模光纤，又称色散未移位光纤，这也是到目前为止得到最为广泛应用的单模光纤。可以应用在 1310nm 和 1550nm 两个波长区域，但在 1310nm 波长区域具有零色散点，低达 3.5ps/nm·km 以下。在 1310nm 波长区，其衰减系数也较小，规范值为 0.3～0.4dB/km（实际光纤的衰减系数低于该规范值）。故称为 1310nm 波长性能最佳光纤。在 1550nm 波长区域，G.652 光纤呈现出极低的衰减，其衰减系数规范值为 0.15～0.25dB/km。但在该波长区的色散系数较大，一般 20ps/nm·km。由于在 1310nm 波长区域目前还没有商用化的光放大器，解决不了超长距离传输的问题，所以 G.652 光纤虽然称为 1310nm 波长性能最佳光纤，但仍然大部分工作于 1550nm 波长区域。

在 1550nm 波长区域，用 G.652 光纤传输 TDM 方式的 2.5Gbit/s 的 SDH 信号或基于 2.5Gbit/s 的 WDM 信号是没有问题的，因为后者对光纤的色散要求仍相当于单波长 2.5Gbit/s 的 SDH 系统的要求。但用来传输 10Gbit/s 的 SDH 信号或基于 10Gbit/s 的 WDM 信号则会遇到相当大的麻烦。这是因为一方面 G.652 光纤在该波长区的色散系数较大，会出现色散受限的问题；另一方面还出现了偏振模色散（PMD）受限的问题。

如表 1-3、表 1-4 所示分别分 G.652 光纤的几何尺寸与光学特性和 G.652 光纤的传输特性。

表 1-3　　　　　　　　　　　　　　G.652 光纤的几何尺寸与光学特性

参数	截止波长/m	模　　块			包　　层		
		直径/μm	不圆度	同心误差/μm	直径/μm	不圆度	同心误差/μm
建议值	1100～1280	（9～10）（±10%）	<6%	<1	125±3	<2%	<1

表 1-4　　　　　　　　　　　　　　　G.652 光纤的传输特性

分　　类		1	2	3	4
衰耗系数 dB/km	1310nm	≤0.35	≤0.5	≤0.7	≤0.9
	1550nm	≤0.25	≤0.3	≤0.4	≤0.5
色散系数 ps/km·nm	1288～1339nm	<3.5	<3.5	<3.5	<3.5
	1525～1575nm	<20	<20	<20	<20

3. G.653 光纤

G.653 光纤即零色散点在 1550nm 波长附近的常规单模光纤，又称色散移位光纤。它主要应用于 1550nm 波长区域，且在 1550nm 波长区域的性能最佳。因为在光纤制造时已对光纤的零色散点进行了移位设计，即通过改变光纤内折射率分布的办法把光纤的零色散点从 1310nm 波长移位到 1550nm 波长处，所以它在 1550nm 波长区域的色散系数最小，低至

3.5ps/nm·km 以下。而且其衰减系数在该波长区也呈现出极小的数值，其规范值为 0.19～0.25dB/km。故称其为 1550nm 波长性能最佳光纤。在 1550nm 波长区域，因为 G.653 光纤的色散系数极小，所以特别适合传输单波长、大容量的 SDH 信号。例如用它来传输 TDM 方式的 10Gbit/s 的 SDH 信号是没有问题的。但是，用它来传输 WDM 信号则会遇到麻烦，即出现严重的四波混频（FWM）效应。超大容量密集波分复用系统不宜使用 G.653 光纤。

4．G.654 光纤

G.654 光纤又称 1550nm 波长衰减最小光纤，它以努力降低光纤的衰减为主要目的，在 1550nm 波长区域的衰减系数低达 0.15～0.19dB/km，而零色散点仍然在 1310nm 波长处。G.654 光纤主要应用于需要中继距离很长的海底光纤通信，但其传输容量却不能太大。

5．G.655 光纤

由于色散位移光纤 G.653 的色散零点在 1550nm 附近，DWDM 系统在零色散波长处工作很容易引起四波混频效应，对系统性能造成严重影响，为了避免该效应，将色散零点的位置从 1550nm 附近移开一定波长数，使色散零点不在 1550nm 附近的 DWDM 工作波长范围内，这种光纤就是非零色散位移光纤（NZDSF）。

因此，G.655 光纤可以用来传输单个载波上信号速率为 2.5Gbit/s 或 10Gbit/s 的 WDM 光信号，复用的波长通道数量可达几十、几百个。

6．G.656 光纤

G.656 光纤性能本质仍然属于非零色散位移光纤。G.656 光纤与 G.655 光纤不同之处如下。

（1）G.656 光纤具有更宽的工作带宽，即 G.655 光纤工作带宽为 1530～1625nm（C+L 波段），而 G.656 光纤工作带宽则是 1460～1625nm（S+C+L 波段），将来还可以拓宽超过 1460～1625nm，可以充分发掘石英玻璃光纤的巨大带宽的潜力。

（2）G.656 光纤色散斜率更小（更平坦）能够显著地降低 DWDM 系统的色散补偿成本。G.656 光纤是色散斜率基本为零、工作波长范围覆盖 S+C+L 波段的宽带光传输的非零色散位移光纤。如图 1-22 所示，G.656 光纤的 PMDQ 为 0.10ps/km1/2，使得 G.656 光纤在 $N\times10$Gbit/s 系统传输 4000km 以上，或者支持 $N\times40$Gbit/s 系统传输 400km 以上的应用。G.656

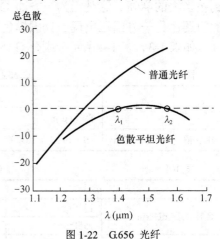

图 1-22　G.656 光纤

光纤特别适合用于通道间隔为 100GHz、传输速率为 40Gbit/s、传输距离为 400km 的 DWDM 或者 CWDM 系统的光传输介质。

7．新型光纤

（1）大有效面积光纤

研究表明，光纤的非线性相互作用与光纤中的光功率密度成正比，而功率密度又与纤芯有效面积成反比，因此加大模场直径，增加光纤的有效面积，是克服非线性效应的一种方法。为了减小非线性的影响，可以加大光纤的有效面积。

但为了保证光纤的单模结构，模场直径的增加有一定限度。一般单模光纤的有效面积为 55μm 左右，大有效面积光纤可达 65～75μm。近年又有了超过 100μm 的大有效面积光纤的报道。大有效面积光纤也是 G.655 光纤的一种。

大有效面积 NZDSF 的优点：在固定链路长度下，增加了比特率和有用波长通道数，减小了通道间距，提高了系统容量；在比特率不变的前提下，增加了链路总长度，降低了系统成本，提高了系统可靠性。其加大了 EDFA 间距 30%以上。

（2）全波光纤

当前的单模光纤，不是工作在 1310 nm 窗口（1280～1325 nm），就是工作在 1 550 nm 窗口（1530～1565 nm），而 1350～1450 nm 波长范围没有利用。其原因主要是在光纤制造过程中，一般会出现水分子渗入纤芯玻璃中，导致 1385 nm 处有较强的氢氧根吸收损耗，使得 1350～1450 nm 区不能用于通信。随着城域网的发展，要支持的用户越来越多，插入和下载信息也很普遍，希望能够处理上百个波长的信号。同时，城域网典型传输距离不超过 80 km，一般不用光放大；信号速率不是太高，色散也不是主要的限制因素。因此用于城域网的理想光纤就是在 1280～1625 nm 范围内全部波长都能传输信号的光纤，即全波光纤。

在光纤制造过程中，经过严格的脱水处理，就制成了全波光纤。全波光纤实质上仍是常规单模光纤，只是在 1350～1450 nm 区消除了氢氧根吸收峰，使该波长的损耗降到 0.3 dB/km 以下。这种光纤的损耗，从 1300 nm 波长的 0.34 dB/km 开始，一直下降到 1600 nm 波长的 0.2 dB/km，从而使工作范围拓宽了 50%以上。在密集波分复用情况（波长间隔为 100 GHz）下，这等于增加了 150 个新波长通道。而要提供同等容量，就要多使用 1～3 倍的普通光纤。全波光纤是短距离超大容量密集波分复用系统的理想传输介质。

（3）塑料光纤

塑料光纤指构成光纤的芯与包层都是塑料材料。与大芯径 50/125μm 和 62.5/125μm 的石英玻璃多模光纤相比，塑料光纤的芯径高达 200～1000μm，其接续时可使用不带光纤定位套筒的便宜注塑塑料连接器，即便是光纤接续中芯对准产生±30μm 偏差都不会影响耦合损耗。另外，芯径 100μm 或更大则能够消除在石英玻璃多模光纤中存在的模间噪声，正是塑料光纤结构赋予了其施工快捷、接续成本低等优点。

近几年来，欧洲及日本的公司对塑料光纤的研制取得了重要的进展。它们研制成的塑料光纤，光损耗率已降到 25～9dB/km。其工作波长已扩展到 870μm（近红外光），接近石英玻璃光纤的实用水平。塑料光纤作为短距离通信网络的理想传输介质，在未来家庭智能化、办公自动化、工控网络化、车载机载通信网、军事通信网以及多媒体设备中的数据传输中具有重要的地位。

【任务实施】

一、光纤结构的认知

在光通信中，长距离传输光信号所需的光波导是一种叫作光导纤维（简称光纤）的圆柱体介质波导。

1. 学习目的

（1）熟练使用光纤剥线钳，掌握光纤的结构；
（2）熟悉光纤的种类，掌握常用的四种单模光纤的特性。

2．工具与器材准备

光纤、光纤剥线钳（如图 1-23 所示）。

3．具体操作步骤

（1）将套塑光纤放在钳刃上的 V 形口处，拧住钳子将光纤向外拔出，250μm 涂覆层和塑料层即被去除，留下 125μm 裸光纤。

（2）将尾纤放在钳口顶部 1.98mm 的开孔处，拧住钳子将尾纤向外拔出，即去除尾纤的外护层。

（3）观察光纤的结构。光纤是由中心的纤芯和外围的包层同轴组成的圆柱形细丝，如图 1-24 所示。纤芯的折射率比包层稍高，光能量主要在纤芯内传输。包层为光的传输提供反射面和光隔离，并起一定的机械保护作用。

图 1-23　Clauss CFS-2 光纤剥线钳

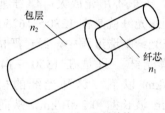

图 1-24　光纤结构

（4）了解光纤的分类。

图 1-25 所示为 3 种基本类型的光纤。

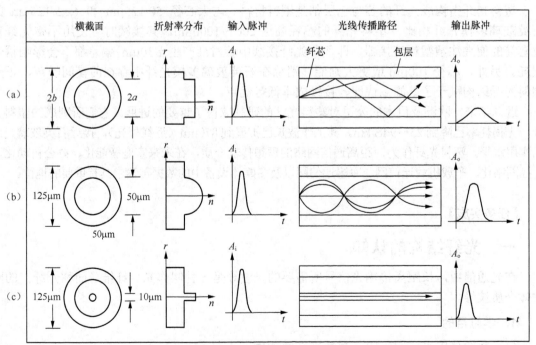

图 1-25　3 种基本类型的光纤

（a）_____光纤；（b）_____光纤；（c）_____光纤

4．记录

自己动手切剥光纤，用放大镜观察光纤的结构并记录。

（1）裸光纤的组成：＿＿＿＿＿＿＿＿＿＿＿＿＿＿＿＿＿＿＿＿＿＿＿＿＿＿＿＿；

（2）切剥光纤用到的工具：＿＿＿＿＿＿＿＿＿＿＿＿＿＿＿＿＿＿＿＿＿＿＿＿；

（3）切剥光纤的注意事项：＿＿＿＿＿＿＿＿＿＿＿＿＿＿＿＿＿＿＿＿＿＿＿。

二、光纤全程损耗测试

1．光纤全程损耗测试连接光路

如图 1-26 所示，各构件的主要作用和功能是：

（1）光源：＿＿＿＿＿＿＿＿＿＿＿＿＿＿＿＿＿＿＿＿＿＿＿＿＿＿＿；

（2）尾纤：＿＿＿＿＿＿＿＿＿＿＿＿＿＿＿＿＿＿＿＿＿＿＿＿＿＿＿；

（3）光衰减器：＿＿＿＿＿＿＿＿＿＿＿＿＿＿＿＿＿＿＿＿＿＿＿＿；

（4）光功率计：＿＿＿＿＿＿＿＿＿＿＿＿＿＿＿＿＿＿＿＿＿＿＿＿。

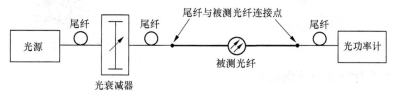

图 1-26　光纤全程损耗测试连接图

2．认识仪器仪表

（1）手持式激光光源（如图 1-27 所示）

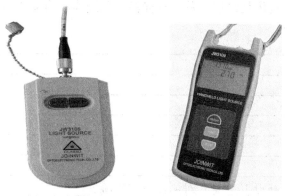

图 1-27　手持式激光光源

① 防尘罩的作用是：＿＿＿＿＿＿＿＿＿＿＿＿＿＿＿＿＿＿＿＿＿＿；

② 尾纤与光源连接前应做的工作是：＿＿＿＿＿＿＿＿＿＿＿＿＿＿＿；

③ 如何正确选择输出光的波长：＿＿＿＿＿＿＿＿＿＿＿＿＿＿＿＿＿＿＿＿＿；

④ 键"MODE"的功能是：＿＿＿＿＿＿＿＿＿＿＿＿＿＿＿＿＿＿＿＿＿＿＿＿；

⑤ 键"ON/OFF"的功能是：＿＿＿＿＿＿＿＿＿＿＿＿＿＿＿＿＿＿＿＿＿＿。

（2）光衰减器（如图1-28所示）

① 键"on/off"的功能是：＿＿＿＿＿＿＿＿＿＿＿＿＿＿＿＿＿＿＿＿＿＿；

② 键"STEP/λ SET"的功能是：＿＿＿＿＿＿＿＿＿＿＿＿＿＿＿＿＿＿＿；

③ 键"LIGHT"的功能是：＿＿＿＿＿＿＿＿＿＿＿＿＿＿＿＿＿＿＿＿＿＿；

④ 若输入/输出口接反，对测试有和影响？＿＿＿＿＿＿＿＿＿＿＿＿＿＿＿＿＿。

（3）光功率计（如图1-29所示）

图1-28　光衰减器

图1-29　光功率计

四个按键的名称和作用分别如下。

① ＿＿＿＿＿＿＿＿＿＿＿＿＿＿＿＿＿＿＿＿＿＿＿＿＿＿＿＿＿＿＿＿＿＿＿；

② ＿＿＿＿＿＿＿＿＿＿＿＿＿＿＿＿＿＿＿＿＿＿＿＿＿＿＿＿＿＿＿＿＿＿＿；

③ ＿＿＿＿＿＿＿＿＿＿＿＿＿＿＿＿＿＿＿＿＿＿＿＿＿＿＿＿＿＿＿＿＿＿＿；

④ ＿＿＿＿＿＿＿＿＿＿＿＿＿＿＿＿＿＿＿＿＿＿＿＿＿＿＿＿＿＿＿＿＿＿＿。

3. 损耗测试

（1）为完成光纤全程损耗测试，从开启光源电源到读取功率计读数，依次连接的各器件的名称及作用分别如下。

① ＿＿＿＿＿＿＿＿＿＿＿＿＿＿＿＿＿＿＿＿＿＿＿＿＿＿＿＿＿＿＿＿＿＿＿；

② ＿＿＿＿＿＿＿＿＿＿＿＿＿＿＿＿＿＿＿＿＿＿＿＿＿＿＿＿＿＿＿＿＿＿＿；

③ ＿＿＿＿＿＿＿＿＿＿＿＿＿＿＿＿＿＿＿＿＿＿＿＿＿＿＿＿＿＿＿＿＿＿＿；

④ ＿＿＿＿＿＿＿＿＿＿＿＿＿＿＿＿＿＿＿＿＿＿＿＿＿＿＿＿＿＿＿＿＿＿＿；

⑤ ＿＿＿＿＿＿＿＿＿＿＿＿＿＿＿＿＿＿＿＿＿＿＿＿＿＿＿＿＿＿＿＿＿＿＿；

⑥ ＿＿＿＿＿＿＿＿＿＿＿＿＿＿＿＿＿＿＿＿＿＿＿＿＿＿＿＿＿＿＿＿＿＿＿；

⑦ ＿＿＿＿＿＿＿＿＿＿＿＿＿＿＿＿＿＿＿＿＿＿＿＿＿＿＿＿＿＿＿＿＿＿＿。

（2）若衰减器的衰减设置过大，对测试有何影响？＿＿＿＿＿＿＿＿＿＿＿＿＿。

4. 课后练习题

（1）根据你的操作经历，画出光纤全程损耗测试流程图（内容越详细越好）。

（2）测试过程中各仪表、器材应如何配合？

① 光源与被测光纤：_____；

② 光衰减器与光源、光功率计：_____；

③ 尾纤与测试纤：_____；

④ 尾纤与测试仪表：_____。

任务三　光缆的结构和型号

【任务书】

任务名称	光缆的结构和型号	所需学时	2
任务目标	能力目标 （1）能分清室外光缆的基本结构； （2）能熟练切剥光缆； （3）能熟练进行端别判断和纤序排定。 知识目标 （1）掌握室外光缆的结构与种类； （2）掌握光缆的型号、色谱与端别。		
任务描述	本任务主要介绍光缆的结构与种类及其光缆的型号、色谱与端别。培养读者熟练识别各种光缆的型号、结构的能力。		
任务实施	切剥光缆，了解它们的结构，掌握端别判断和纤序排定。		

【知识链接】

一、光缆的结构与种类

光缆一般由缆芯、加强构件和护层三部分组成：缆芯由单根或多根光纤芯线组成，有紧套和松套两种结构；加强构件用于抵御光缆在敷设和使用过程中可能产生的轴向应力，使光缆具有良好的抗拉伸功能，一般是金属或非金属加强构件；护层具有阻燃、防潮、耐压、耐腐蚀等特性，主要是对已成缆的光纤芯线进行保护。

通信光缆的结构是根据其传输用途、运行环境、敷设方式等诸多因素决定的。从大的方面讲，常用通信光缆分为室内光缆和室外光缆两大类，这里主要为大家介绍室外光缆。

室外光缆的基本结构有如下几种：层绞式、中心管式、骨架式。每种基本结构中既可放置分离光纤，亦可放置带状光纤。其特点分述如下。

1．层绞式光缆

层绞式光缆端面如图 1-30 和图 1-31 所示。层绞式光缆结构是由多根二次被覆光纤松套管（或部分填充绳）绕中心金属加强件绞合成圆形的缆芯，缆芯外先纵包复合铝带并挤上聚乙烯内护套，在纵包阻水带和双面覆膜皱纹钢（铝）带上再加一层聚乙烯外护层。

层绞式光缆的结构特点：光缆中容纳的光纤数量多，光缆中光纤余长易控制，光缆的机械、环境性能好，既适宜于直埋、管道敷设，也可用于架空敷设。

29

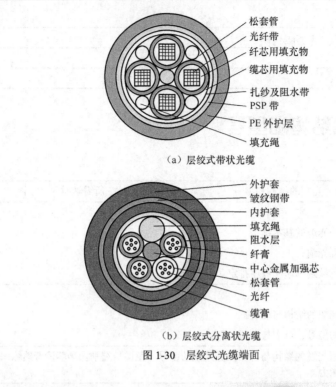

（a）层绞式带状光缆

（b）层绞式分离状光缆

图 1-30　层绞式光缆端面

（a）层绞式分离状光缆　　　　（b）层绞式带状光缆

图 1-31　层绞式光缆实物图

2．中心管式光缆

中心管式光缆如图 1-32 和图 1-33 所示，是由一根二次光纤松套管或螺旋形光纤松套管无绞合直接放在光缆的中心位置，纵包阻水带和双面涂塑钢（铝）带，两根平行加强圆磷化碳钢丝或玻璃钢圆棒位于聚乙烯护层中组成的。按松套管中放入的是分离光纤、光纤束还是光纤带，中心管式光缆分为分离光纤的中心管式光缆或光纤带中心管式光缆等。

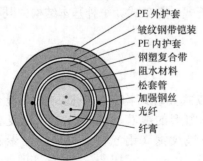

图 1-32　中心管式光缆端面结构（GYXTW53）　　图 1-33　中心管式光缆实物图

中心管式光缆的优点：光缆结构简单、制造工艺简单、光缆截面小、重量轻，很适宜架空敷设，也可用于管道或直埋敷设；中心管式光缆的缺点：缆中光纤芯数不宜过多（如分离光纤为 12 芯、光纤束为 36 芯、光纤带为 216 芯），松套管挤塑工艺中松套管冷却不够，成品光缆中松套管会出现后缩，光缆中光纤余长不易控制等。

3．骨架式光缆

目前，骨架式光缆在国内仅限于干式光纤带光缆，即将光纤带以矩阵形式置于 U 形螺旋骨架槽或 SZ 螺旋骨架槽中，阻水带以绕包方式缠绕在骨架上，使骨架与阻水带形成一个封闭的腔体（如图 1-34 和图 1-35 所示）。当阻水带遇水后，吸水膨胀产生一种阻水凝胶屏障。阻水带外再纵包双面覆塑钢带，钢带外挤上聚乙烯外护层。

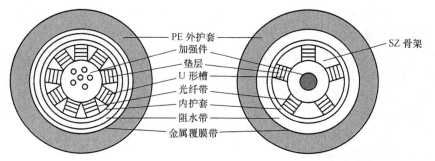

图 1-34　骨架式光缆端面结构

骨架式光纤带光缆的优点：结构紧凑、缆径小、纤芯密度大（上千芯至数千芯），接续时无需清除阻水油膏、接续效率高。缺点：制造设备复杂（需要专用的骨架生产线）、工艺环节多、生产技术难度大等。

图 1-35　骨架式光缆（GYDGTS）实物图

二、光缆的型号、色谱与端别

1．光缆型号和应用

（1）型号的组成

① 型号组成的内容：型号由型式和规格两大部分组成。

② 型号组成的格式：光缆型号组成的格式如图 1-36 所示。

（2）型号的组成内容、代号及意义

型式由 5 个部分构成，各部分均用代号表示，如图 1-37 所示。其中结构特征是指缆芯结构和光缆派生结构。

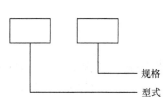

图 1-36　型号组成的格式

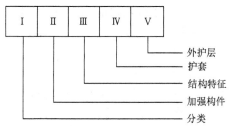

图 1-37　光缆型式的构成

① 分类的代号：

GY——通信用室（野）外光缆

GM——通信用移动式光缆

GJ——通信用室（局）内光缆

GS——通信用设备内光缆

GH——通信用海底光缆

GT——通信用特殊光缆

② 加强构件的代号：加强构件是指护套以内或嵌入护套中用于增强光缆抗拉力的构件。

（无符号）——金属加强构件

F——非金属加强构件

③ 缆芯和光缆的派生结构特征的代号：光缆结构特征应表示出缆芯的主要类型和光缆的派生结构。当光缆型式有几个结构特征需要注明时，可用组合代号表示，其组合代号按下列相应的各代号自上而下的顺序排列。

D——光纤带结构

无符号——光纤松套被覆结构

J——光纤紧套被覆结构

无符号——层绞结构

G——骨架槽结构

X——缆中心管（被覆）结构

T——油膏填充式结构

无符号——干式阻水结构

R——充气式结构

C——自承式结构

B——扁平形状

E——椭圆形状

Z——阻燃

④ 护套的代号：

Y——聚乙烯护套

V——聚氯乙烯护套

U——聚氨酯护套

A——铝—聚乙烯粘结护套（简称 A 护套）

S——钢—聚乙烯粘结护套（简称 S 护套）

W——夹带平行钢丝的钢—聚乙烯粘结护套（简称 W 护套）

L——铝护套

G——钢护套

Q——铅护套

⑤ 外护层的代号：当有外护层时，它可包括垫层、铠装层和外被层的某些部分和全部，其代号用两组数字表示（垫层不需表示），第一组表示铠装层，它可以是一位或两位数字，如表 1-5 所示；第二组表示外被层或外套，它应是一位数字，如表 1-6 所示。

表 1-5   铠装层

代号	铠装层
0	无铠装层
2	绕包双钢带
3	单细圆钢丝
33	双细圆钢丝
4	单粗圆钢丝
44	双粗圆钢丝
5	皱纹钢带

表 1-6   外被层或外套

代号	外被层或外套
1	纤维外被
2	聚氯乙烯套
3	聚乙烯套
4	聚乙烯套加覆尼龙套
5	聚乙烯保护管

（3）规格

光缆的规格由光纤和导电芯线的有关规格组成。

① 光缆规格的构成格式如图 1-38 所示。光纤的规格与导电芯线的规格之间用"+"号隔开。

② 光纤规格的构成：光纤的规格由光纤数和光纤类别组成。如果同一根光缆中含有两种或两种以上规格（光纤数和类别）的光纤时，中间应用"+"号连接。

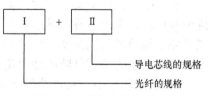

图 1-38　光缆规格的构成格式

a. 光纤数的代号用光缆中同类别光纤的实际有效数目的数字表示。

b. 光纤类别的代号应采用光纤产品的分类代号表示，按 IEC60791-2（1998）《光纤第 2 部分：产品规范》等标准规定用大写 A 表示多模光纤，大写 B 表示单模光纤，再以数字和小写字母表示不同种类型光纤。多模光纤见表 1-7，单模光纤见表 1-8。

表 1-7   多模光纤

分类代号	特　　性	纤芯直径/μm	包层直径/μm	材　　料
A1a	渐变折射率	50	125	二氧化硅
A1b	渐变折射率	62.5	125	二氧化硅
A1c	渐变折射率	85	125	二氧化硅
A1d	渐变折射率	100	140	二氧化硅
A2a	突变折射率	100	140	二氧化硅

表 1-8   单模光纤

分类代号	名　　称	材　　料
B1.1	非色散位移型	二氧化硅
B1.2	截止波长位移型	
B2	色散位移型	
B4	非零色散位移型	

注："B1.1"可简化为"B1"。

③ 导电芯线的规格：导电芯线规格的构成应符合有关通信行业标准中铜芯线规格构成的规定。

例如：2×1×0.9，表示 2 根线径为 0.9mm 的铜导线单线。

3×2×0.5，表示 3 根线径为 0.5mm 的铜导线线对。

4×2.6/9.5，表示 4 根内导体直径为 2.6mm、外导体内径为 9.5mm 的同轴对。

（4）实例

例1：设有金属加强构件、自承式、铝护套和聚乙烯护层的通信用室外光缆，包括 12 根芯径/包层直径为 50/125μm 的二氧化硅系列多模渐变型光纤和 5 根用于远供及监测的铜线径为 0.9mm 的 4 线组，光缆的型号应表示为 GYCL03 12Ala+5×4×0.9。

例2：金属加强构件、光纤带、松套层绞、填充式、铝—聚乙烯粘护套通信用室外光缆，包含 24 根"非零色散位移型"类单模光纤，光缆的型号应表示为 GYDTA24B4。

例3：非金属加强构件、光纤带、扁平型、无卤阻燃聚乙烯护层通信用室内光缆，包含 12 根常规或"非色散位移型"类单模光纤，光缆的型号应表示为 GJFDBZY12B1。

2．通信光缆的端别判断

要正确地对光缆工程进行接续、测量和维护，必须首先掌握光缆的端别判别和缆内光纤纤序的排列方法，因为这是提高施工效率、方便日后维护所必需的。

光缆中的光纤单元、单元内光纤，均采用全色谱来标识光缆的端别与光纤序号。其色谱排列和所加标志色，各个国家的产品不完全一致，在各国产品标准中均有规定。目前国产光缆已完全能满足工程需要，所以在这里只对目前使用最多的全色谱光缆进行介绍。

通信光缆的端别判断和通信电缆有些类似。

① 对于新光缆：红点端为 A 端，绿点端为 B 端；光缆外护套上的长度数字小的一端为 A 端，另外一端即为 B 端。

② 对于旧光缆：因为是旧光缆，此时红绿点及长度数字均有可能看不到了（施工过程中摩擦掉了），其判断方法：面对光缆端面，若同一层中的松套管颜色按蓝、橙、绿、棕、灰、白顺时针排列，则为光缆的 A 端，反之则为 B 端。

3．通信光缆中的纤序排定

光缆中的松套管单元光纤色谱分为两种：一种是 6 芯的，一种是 12 芯的，前者的色谱排列顺序为蓝、橙、绿、棕、灰、白，后者的色谱排列顺序为蓝、橙、绿、棕、灰、白、红、黑、黄、紫、粉红、天蓝。

若为 6 芯单元松套管，则蓝色松套管中的蓝、橙、绿、棕、灰、白 6 根纤对应 1～6 号纤；紧扣蓝色松套管的橙色松套管中的蓝、橙、绿、棕、灰、白 6 根纤对应 7～12 号纤，……依此类推，直至排完所有松套管中的光纤为止。

若为 12 芯单元松套管，则蓝色松套管中的蓝、橙、绿、棕、灰、白、红、黑、黄、紫、粉红、天蓝 12 根纤对应 1～12 号纤；紧扣蓝色松套管的橙色松套管中的蓝、橙、绿、棕、灰、白、红、黑、黄、紫、粉红、天蓝 12 根纤对应 12～24 号纤……依此类推，直至排完所有松套管中的光纤为止。

从这个过程中我们可以看到，光缆、电缆的色谱在走向统一，均采用构成全色谱全塑电缆芯线绝缘层色谱的十种颜色：白、红、黑、黄、紫，蓝、橙、绿、棕、灰来形成，但有一点不同：在全色谱全塑电缆中，颜色的最小循环周期是 5 种（组），如白/蓝、白/橙、白/绿、白/棕、白/灰，而在光缆里面是 6 种——蓝、橙、绿、棕、灰、白，它的每根松套管里的光纤数量也是 6 根，而不是 5 根，这一点是要特别提醒大家注意的。

【任务实施】

一、光缆的结构

1. 图 1-39 所示组成 12 芯松套层绞式光缆的构件及作用如下。

（1）UV 光纤：_____；

（2）松套管：_____；

（3）填充绳：_____；

（4）加强芯：_____；

（5）油膏：_____。

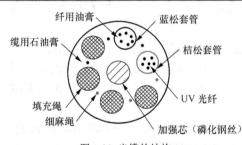

图 1-39 光缆的结构

二、端别判断和纤序排定

1. 图 1-40 所示为某光缆端面，请解答下列问题。

　　（1）判断光缆的端别；（2）排定纤序并说明填充绳的主要作用。

2. 图 1-41 所示为某光缆端面，请解答下列问题。

　　（1）判断光缆的端别；（2）排定纤序并说明加强芯的主要作用。

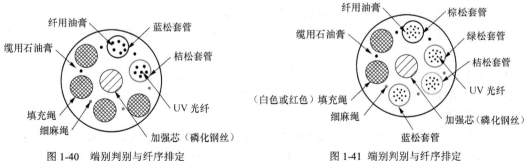

图 1-40 端别判别与纤序排定　　　　　图 1-41 端别判别与纤序排定

【过关训练】

一、填空题

1. 利用光波作为载频的通信方式，称为（　　　　　　）。

2. 利用光导纤维传输光载频信号的通信方式，称为（　　　　　　）。

3．光波属于（　　　　）范畴，包括（　　　　）、（　　　　）、（　　　　）。

4．光纤通信的主要优点是（　　　　　　　　）、（　　　　　　　　　　）、（　　　　　　　　）、（　　　　　　　　）、（　　　　　　　　）和（　　　　　　　　）。

5．目前光纤通信三个实用的低损耗工作窗口是（　　　　　）、（　　　　　）和（　　　　　）。

6．光波在均匀介质中传输时，其射线轨迹为（　　　　　　），当光射线遇到两种介质交界面时，将产生（　　　　　　）或（　　　　　　）。

7．通信用的光纤，绝大多数是用（　　　）材料制成。折射率高的中心部分叫做（　　　　），折射率稍低的外层称为（　　　　）。

8．光纤若按纤芯剖面折射率的分布不同来分，一般可分为（　　　）光纤和（　　　）光纤；若按纤芯中传输模式的多少来分，可分为（　　　）光纤和（　　　）光纤；按套塑结构分类，可分为（　　　　　）光纤和（　　　　　）光纤。

9．在光纤的分析中，常用（　　　　　　）来表示纤芯和包层折射率相差的程度，符号为（　　　　　），对于弱导波光纤其表达式为（　　　　　　　　）。

10．在阶跃型光纤中，是根据（　　　　　　）原理将光波限制在芯子中向前传播的，其射线轨迹是（　　　　　）。

11．表示光纤捕捉光射线能力的物理量被定义为光纤的（　　　　　　），用（　　　）表示。其表达式为（　　　　　　）。其值越大，表示光纤捕捉光射线的能力就（　　　　　　　）。

12．携带信息的光波在光纤的纤芯中，由纤芯和包层的引导前进，这种波称为（　　　　　）。

13．当全反射条件被破坏，光纤中出现了辐射模时，即认为导波（　　　　　　）。

14．渐变型光纤纤芯中的折射指数是随半径的增加而按一定规律（　　　　　），而包层中的折射指数一般是（　　　　　）。

15．渐变型光纤是靠（　　　　　）原理将子午线限制在纤芯中，沿轴线传输，子午线的行进轨迹是（　　　　　）。

16．影响光纤最大传输距离的主要因素是光纤的（　　　）和（　　　）。

17．光脉冲在通过光纤传输期间，其波形在时间上发生了展宽，这种现象称为（　　　　）

18．光纤色散包括（　　　　　）、（　　　　　）和（　　　　　）。

19．在单模光纤中不存在（　　　）色散，只有（　　　）色散和（　　　）色散，因此它具有相当宽的（　　　　），适用于长距离、大容量的传输。

20．对于单模光纤来说，主要是频率色散，而对于多模光纤来说，（　　　）色散占主要地位。

21．光缆都是由（　　　　）、（　　　　）和（　　　　）组成。

22．光缆的缆芯是由（　　　）组成，它可分为（　　　　）和（　　　　）两种。

二、简答题

1．说明下列光缆型号的含义：GJFBZY-12B1 2008 0824M、GYTA51-30A1d、GYXTY-24B2、GYFTCZY-30B1、GYDTY51-720A1C、GYTY54-30A2a。

2．光纤数字数字通信系统主要由哪几部分组成？主要作用是什么？

3．目前光纤通信的发展趋势是什么？

三、计算题

1．弱导波阶跃光纤纤芯和包层的折射指数分别为 n_1=1.5，n_2=1.45，试计算：

（1）纤芯和包层的相对折射指数差。

（2）光纤的数值孔径 NA。

2．阶跃型光纤，若 $n_1=1.5$，$\lambda=1.31\mu m$，

（1）若 $\Delta=0.01$，当保证单模传输时，纤芯半径 a 应取多大？

（2）若纤芯半径 $a=5\mu m$，保证单模传输时，Δ 应怎样选择？

3．已知阶跃光纤纤芯的折射指数为 $n_1=1.5$，相对折射指数差 $\Delta=0.01$、纤芯半径 $a=25\mu m$，若 $\lambda=1\mu m$，计算光纤的归一化频率值及其中传播的模数量。

项目二

光端机

【项目导入】本项目主要介绍常见光源、光电检测器的原理和工作特性，光发射机的组成和主要性能指标，以及光接收机的基本组成和特性，同时介绍无源光学器件的类型和应用。

任务一　有源光学器件

【任务书】

任务名称	有源光学器件	所需学时	4
任务目标	知识目标 （1）掌握光和物质作用的三种方式的特点； （2）掌握半导体激光器的工作原理和基本组成； （3）掌握半导体激光器的工作特性； （4）了解发光二极管的结构和工作特性； （5）了解光电检测器的结构，掌握光电检测器的原理和应用； （6）了解光发射机的组成和各部分功能； （7）了解光接收机的组成和各部分功能。		
任务描述	光源和光电检测器是光端机及光纤通信系统的核心器件，其性能直接关系到光纤通信系统的性能和质量指标。本任务主要介绍了常见光源半导体激光器和发光二极管的结构、工作原理和相关特性，光电检测器工作原理和特性，以及光端机的组成和功能。		
任务实施	了解半导体激光器的类型，以及应用在光纤通信中的半导体激光器类型；了解半导体激光器使用注意事项。		

【知识链接】

一、光源

一条光纤链路是从电信号转化为光信号开始的，用来完成这项转换任务的设备称为光源。光源是光发射机的核心和灵魂。光源的输入是以电的形式存在的信号，光源的输出则是以光的形式存在的信号。在光纤通信技术领域中的光源有微型半导体光源——发光二极管（LED）和半导体激光器（LD）。

1．基础知识

（1）光子

经过长期研究，光的一个基本性质是既有波动性又有粒子性，即光在不同场合下表现出来两种属性：当光在空间传播时主要表现出波动性；当光与物质相互作用时，光又体现出粒子性。

一个光子的能量 E 与光波频率 f 之间的关系是：

$$E = h \cdot f \tag{2-1}$$

式中，h 是普朗克常量，h=6.626×10^{-34}J·s（焦耳·秒）。

由式（2-1）可知，光子的频率越高，它所携带的能量就越大。

（2）原子能级的跃迁

① 原子的能级

物质是由原子组成的，而原子是由原子核和核外电子构成的。原子核带正电，电子带负电；正负电荷数相等，整个原子呈中性。当物质中原子的内部能量变化时，可能产生光波。电子围绕原子核运动只能有某些特定的不连续的轨道。沿着每个轨道运行时具有一定相应的能量，这些分立的能量值被称为能级。

原子的能级是离散的，当原子中电子的能量最小时，整个原子的能量最低，这个原子处于稳态，称为基态；当原子处于比基态高的能级时，称为激发态。通常情况下，大部分原子处于基态。

② 能级的跃迁

原子中的电子可以通过和外界交换能量的方式发生能级跃迁。当交换的能量是光能的时候就是光跃迁。光可以被物质吸收，也可以从物质中发射。在研究光与物质的相互作用时，爱因斯坦指出，光与物质同时存在着三种不同的基本过程，即自发辐射、受激吸收以及受激辐射。

自发辐射：物质在在无外来光子激发下，高能级 E_2 上的电子，由于不稳定，自发地向低能级 E_1 跃迁，多余的能量以发光的形式表现出来，这个过程叫做自发辐射，如图 2-1 所示。

自发辐射所辐射光子的能量与两个能级之间显然应有如下关系。

$$f = \frac{E_2 - E_1}{h} \tag{2-2}$$

式中，f 为自发辐射发光的频率；h 是普朗克常数。从式（2-2）中可以看出发射出光子的频率决定于所跃迁的能级差。发生自发辐射的高能级不止一个，而是一系列的高能级，辐射光子的频率范围可能很宽。对于在相同的能级差间发生的跃迁，辐射出的光子也只是频率相同，发射方向和相位各不相同，因此是非相干光。

受激吸收：物质在外来光子的激发下，低能级 E_1 上的电子吸收了外来光子的能量，跃迁到高能级 E_2 上，这个过程叫做受激吸收，如图 2-2 所示。

受激吸收过程必须在外来光子的激发下才会产生，外来光子的能量必须等于电子跃迁的能级之差，即

$$E = hf = E_2 - E_1 \tag{2-3}$$

显然，受激跃迁的过程中，没有多余的能量放出来。

受激吸收如果发生在半导体的 P-N 结上，受到光的照射，跃迁到高能级（导带）上的电子，在外加反向偏压作用下，就会形成光电流。这就是后面要讨论的光电检测器的光电

效应。

受激辐射：处于高能级 E_2 的电子，当受到外来光子的激发而跃迁到低能级 E_1 时，放出一个能量为 hf 的光子。由于这个过程是在外来光子的激发下产生的，因此叫做受激辐射。所产生光子的频率

$$f = \frac{E_2 - E_1}{h} \qquad (2\text{-}4)$$

如图 2-3 所示，若要产生受激辐射，则外来光子的能量必须等于跃迁的能级之差。受激过程中发射出来的光子与外来光子频率相同、相位相同、偏振方向相同、传播方相同，称为全同光子，因此受激辐射的光是相干光。

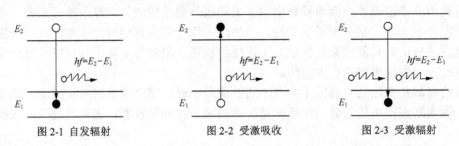

图 2-1 自发辐射　　　图 2-2 受激吸收　　　图 2-3 受激辐射

受激过程中发射出来的光子与外来光子是全同光子，相叠加的结果使光得到增强和放大。受激辐射的光放大作用是产生激光的一个重要的基本概念，如 LD 激光器。

在光器件中，自发辐射、受激吸收和受激辐射总是同时出现的。但对于各个特定的器件，只有一种机理起主要作用。这三种机理对应的器件分别是：发光二极管、光电检测器和半导体激光器。

（3）半导体的光辐射

① 能带

半导体是由紧密排列的原子组成的一种固态物质，而其性质是由原子的最外层电子决定的。各原子最外层电子的轨道相互重叠，从而使得半导体的能级不是分立的，而是一个能带，可以把这个能带设想为一个很宽的、连续的能量区，如图 2-4 所示。

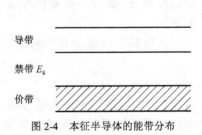

图 2-4 本征半导体的能带分布

一个能带包括了一系列能级，电子可以填充能级。电子在填充各带时，总是从能量低的能带向上填充。图中：

价带（能量较低）——被价电子填充的能带。

导带（能量较高）——最高的、未被电子填满的能带。

禁带 E_g——价带顶和导带底之间能带宽度。在禁带范围内不包括任何能级，电子不能占据。

当绝对温度是零度，同时又没有外加电场时，所有电子集中在价带而没有电子在导带。这是因为电子没有足够的能量越过禁带。当有外加能量提供给价带的电子时，其中的一些将获得足够的能量越过禁带到达导带。这些电子被称为是"受激的"，而这些受激的电子在价带留下了作为正电荷载体的空穴。

② 光辐射和能带

在半导体中也会发生光和物质作用的三种形式。其中自发辐射和受激辐射都能产生光

子，是光辐射的两种类型。当电子从导带向价带跃迁时，它将释放出一个光子，其能量大于或者等于禁带 E_g。由于在价带和导带之间不是一个而是多个能级参与辐射过程，因此产生了多个波长相近的光子。多波长辐射的结果造成了半导体发射光的光谱宽度 $\Delta \lambda$。

显然，必须在导带中激发出显著数目的电子才能使半导体发光。这可以通过给半导体物质提供外加能量来实现，其中最合适的外加能量就是在半导体中通过电流。

③ 光辐射和 PN 结

当一个 N 型半导体与一个 P 型半导体物理接触时，一个 PN 结就形成了。在结的交界面，N 区附近的电子向 P 区扩散，并与 P 区空穴结合；同时，P 区附近的空穴向 N 区扩散，并与 N 区电子相结合，这样就形成了有一定宽度的耗尽层，如图 2-5 所示。剩下 N 区附近的正离子和 P 区附近的负离子共同产生了一个内建电场 V_D。

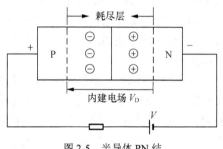

图 2-5　半导体 PN 结

电子—空穴的复合会释放出光子。换句话说，若要使半导体发光，就必须维持电子—空穴的复合。从图 2-5 中看出，内建电场阻止了电子和空穴的扩散，因此外加一个与内建电场相反的电压来克服 V_D。这个额外的电压被称为正向偏电压 V，显然 $V > V_D$。

在 V 正极的作用下，N 区的电子被吸引进入耗尽层；在 V 负极的作用下，P 区的空穴被吸引进入耗尽层。在耗尽层中电子和空穴相遇而复合，从而产生光。当这个过程不断发生时，半导体就产生了持久的光辐射。

2．激光器

激光器是指能够产生激光的自激振荡器。世界上第一台实用的红宝石激光器于 1960 年由美国科学家梅曼发明。

（1）激光器的工作原理

要使得光产生振荡，必须使光得到放大。根据前面的讨论可知，自发辐射产生的光谱宽大、强度低、定向性低，是非相干光；受激辐射产生的光谱宽窄、强度高、定向性强，是相干光。因此受激辐射是形成光放大的关键。

① 光放大与粒子数反转分布

根据物理学知识，当物质与外界处在能量平衡状态下时，低能级的粒子（电子）数 $N1$ 总是大于高能级的粒子（电子）数 $N2$。显然，在这种分布状态下，即使有光照，由于 $N1 > N2$，必然是受激吸收的光要大于受激辐射的光，不会出现发光的现象。

当外界向这个物质提供了能量，会使得低能级上的电子大量地被激发到高能级上去，像一个泵不断地将低能级上的电子"抽到"高能级上去一样；从而达到高能级的粒子（电子）数 $N2$ 总是大于低能级的粒子（电子）数 $N1$。这种粒子数一反常态的分布称为粒子数反转分布。在外来光的激励下，受激辐射作用大于受激吸收作用，从而产生光放大。

因此粒子数反转分布是产生光放大的必要条件。激发到导带的电子越多，能够辐射出的受激光子也就越多，发射强度也就越高。

② 光学谐振腔

为了得到具有一定强度的激光，需要的不是一个而是数百万个光子。为了得到单色性和方向性好的激光输出，只有把激活物质置于光学谐振腔中，才能获得连续的光放大和稳定的激光振荡。

在半导体激光器中有两种常见的光学谐振腔，一种是利用晶体天然的解理面形成的法布里-珀罗谐振腔（F-P 腔），是根据法国科学家 Charles Fabry 和 Alfred Perot 的名字命名；另一种是利用有源区一侧的周期性波纹结构提供光耦合来形成光振荡，主要有分布反馈半导体激光器（DFB-LD）和分布布拉格反射半导体激光器（DBR-LD）。下面主要对 F-P 腔进行介绍。

如图 2-6 所示，在激活物质两端放置两个互相平行的反射镜 M1 和 M2，构成了最简单的 F-P 光学谐振腔。如果反射镜是平面镜，称为平面腔；如果反射镜是球面镜，则称为球面腔。对于两个反射镜，要求其中一个能全反射，如 M1 的反射系数 $r=1$；另一个为部分反射，如 M2 的反射系数 $r<1$，产生的激光由此射出。

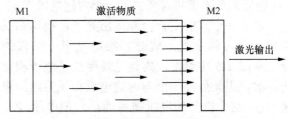

图 2-6　激光器示意图

如图 2-6 所示，在泵浦源激发下处于粒子数反转分布的工作物质置于光学谐振腔内，高能级上的电子自发跃迁到低能级上，并放出一个光子能量，即产生了自发辐射。这些光子辐射的方向是任意的，凡是沿与谐振腔轴线夹角较大的方向传播的光子将很快逸出腔外，只有沿与谐振腔轴线夹角较小的方向传播的光子流，才有可能在腔内沿轴线方向来回往复传播。在传播过程中光子流同时激发高能级上的电子跃迁到低能级上发光，受激辐射连锁反应，像雪崩般地加剧，当光功率达到一定程度时，在部分反射镜 M2 的一侧输出一个高功率的平行光子流，这就是激光。

（2）激光器的基本组成

综上所述，激光振荡器必须包括以下三个部分：激光工作物质、泵浦源、光学谐振腔。

工作物质是能够产生激光、具有确定能级的、可以产生粒子数反转分布的、可以在所需要的光波范围内辐射光子的物质，这是产生激光的前提。

泵浦源是使工作物质处于粒子数反转分布的外界激励源。工作物质在泵浦源的作用下，粒子从低能级跃迁到高能级，使得受激辐射大于受激吸收，有利于光放大作用。此时的工作物质已被激活，称为激活物质或增益物质。

光学谐振腔对光的频率和方向进行选择，并实现光波的正反馈，从而产生激光。

（3）激光器的阈值条件和谐振条件

① 阈值条件

激光器在工作过程中，除了对光波有增益之外，实际还存在对光波的损耗。例如许多光子在能够脱离产生辐射前就被半导体材料吸收了；谐振腔不是理想全反射，有透射和吸收；或者由于光波偏离腔体轴线而射到腔外等原因，都会造成光波的损耗。对于给定的激光器，损耗值是一个常数，而增益值是可以改变的，增加增益的方法是加大注入的正向电流。

当激光器的增益增大到能够克服损耗时，激光器才能建立起稳定的激光输出。将增益等于损耗的状态称为阈值条件。

② 谐振条件

通过前面的分析可知，并不是所有的受激辐射光都能存在于谐振腔中。只有在腔中平行于腔轴的光波，且往返一次回到原来位置时，其相位与初始发生的波的相位同相，才能形成

谐振。即

$$\lambda = \frac{2nL}{q} \tag{2-5}$$

$$f = \frac{c}{\lambda} = \frac{cq}{2nL}$$

式中，L 为谐振腔长度，λ 为激光波长，n 为激活物质的折射率，$q=1,2,3\cdots$ 称为纵模模数。谐振腔只对满足式（2-5）的光波波长或频率提供正反馈，使之在腔中互相加强产生谐振形成激光。

因受激辐射光只在沿着腔轴方向（纵向）形成驻波，称为纵模。根据式（2-5）可知，腔长为 L 的谐振腔内能产生的纵模数目为 q。当 q 不同时，可有不同的频率值 f，即有无穷个谐振频率。

3．半导体激光器

用半导体材料作为工作物质的激光器，称为半导体激光器。半导体激光器的辐射特性如亮度、定向性、窄光谱宽度以及相干性等使其成为长距离光纤链路的最佳光源。随着对远距离通信系统可靠性要求的不断提高，具有量子阱、分布式反馈及极窄光谱宽度特性的半导体激光器已经被研制出来，成为远距离通信系统中最常用的光源。

（1）LD 的工作原理

前面讨论的激光器工作原理同样适用于光纤通信技术中的半导体激光器。当 LD 的 PN 结上外加的正向偏压足够大时，将使得 PN 结区出现高能级粒子数多、低能级粒子数少的分布状态。这种状态将导致受激辐射大于受激吸收，产生光放大作用。被放大的光在光学谐振腔中往复反射，不断增强，当增益大于损耗时，激光就产生了。

（2）LD 的基本结构

① 同质结和异质结

前面讨论的半导体，无论 N 型还是 P 型半导体，都仅由一种物质构成，并具有相同的禁带。这样所构成的半导体 PN 结就是同质结构。

电子—空穴的复合发生在耗尽层及周边，这个区域称为有源区。同质结激光器的有源区太发散，电子—空穴复合发生在各个地方，需要提供很高的电流密度才能获得想要的输出光功率。另外，同质结激光器对光子的限制作用也很弱，同质结激光器不能实现在室温下连续工作。

异质结构激光器由几种不同类型的半导体材料组成，每种材料有不同的禁带。与同质结相比，异质结能将电子—空穴的复合限制在有源区，并将产生的光限制在有源区以获得单向光。单异质结激光器是同质结构和双异质结构之间的过渡形式。

② LD 的基本结构

半导体激光器的基本结构与边发射发光二极管很相似，但两者之间有两个主要区别。第一，LD 激活区的厚度很小，典型值在 0.1μm 数量级上。在这样一个厚度很窄的激活区中，会形成高强度的电流，发生更高强度的电子—空穴复合。第二，LD 两端的表面被切开以起到镜子的作用，从而形成正反馈。

目前，光纤通信中使用的 F-P 腔激光器基本采用双异质结。双异质结构很好地限制了载流子，阻止了有源区的载流子逃离出去；同时将光场很好地限制在有源区，工作原理类似于光纤利用纤芯和包层的交界面将光限制在纤芯。载流子和光子的限制作用使激光器的阈值电流密度大大下降，实现了室温下的连续工作。

图 2-7 所示为铟镓砷磷（In、Ga、As、P）双异质结条形激光器的剖面图，它由 5 层半导体结构组成。其中 n- InGaAsP 是有源区（发光的作用区），有源区的粒子数反转分布的条件靠注入正向电流来实现。其上下两层称为限制层，它们和有源区构成光学谐振腔。限制层和作用区之间形成异质结。最下面一层 n-InP 是衬底，顶层 P^+-InGaAsP 是接触层，其作用是为了改善和金属电极的接触。顶层上面数微米宽的窗口为条形电极。

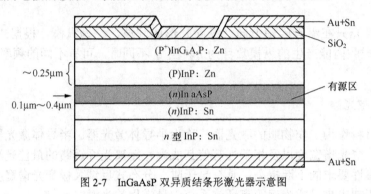

图 2-7 InGaAsP 双异质结条形激光器示意图

（2）LD 的工作特性

LD 属于半导体二极管的范畴，除具有二极管的一般特性外，还具有特殊的光频特性。

① 发射波长

半导体激光器的发射波长取决于激活区的电子从导带跃迁到价带时所释放出的能量——近似禁带宽度 E_g，以及光学谐振腔的选频作用。AlGaAs 半导体激光器的发射波长范围是 $0.8 \sim 0.9\mu m$。InGaAsP 半导体激光器发射波长在长波长区域，大约是 $1 \sim 1.7\mu m$。

② 阈值特性

如图 2-8 所示，I_t 被称为阈值电流。对于半导体激光器，当外加正向电流较小时，即 $I < I_t$，一定量的电子被激发，此时二极管以发光二极管的方式工作。但当正向电流的强度足以产生粒子数反转分布而且达到阈值条件即 $I > I_t$ 时，二极管开始产生激光振荡，输出光功率随着注入电流的增加而急剧增加。这个曲线就是半导体激光器的输入—输出（P-I）特性曲线。

绝大多数激光器的阈值电流在 $5 \sim 250\text{mA}$ 之间。连续工作的半导体激光器输出功率的典型值为 $1 \sim 10\text{mW}$，工作电流一般在阈值电流以上 $20 \sim 40\text{mA}$。如果工作电流超过制造商建议的工作电流，将会缩短激光器的寿命。

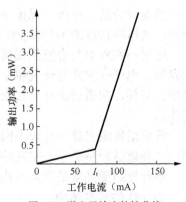

图 2-8 激光器输出特性曲线

③ 光谱特性

半导体激光器的光谱随着驱动电流的变化而变化。当 $I < I_t$，发出的是荧光，因此光谱很宽，如图 2-9（a）所示。当 $I > I_t$ 后，反射光谱突然变窄，谱线中心强度急剧增加，表明发出激光，如图 2-9（b）所示。随着驱动电流的增加，纵模模数逐渐减少，谱线宽度变窄。这种变化是由于谐振腔对光波频率和方向的选择使边模消失、主模增益增加而产生的。当驱动电流足够大时，多纵模变为单纵模，这种激光器称为静态单纵模激光器。

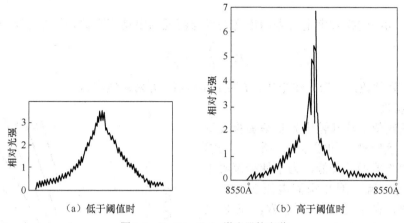

（a）低于阈值时　　　　　　　　（b）高于阈值时

图 2-9　GaAlAs-GaAs 激光器的光谱

当普通激光器工作在直流或低码速时，它具有良好的单纵模谱线，如图 2-10（a）所示。然而在高码速调制情况下，其线谱呈现多纵模谱线，如图 2-10（b）所示。一般用 F-P 谐振腔可以得到直流驱动的静态单纵模激光器，要得到高速数字调制的动态单纵模激光器，必须改变激光器的结构，如分布反馈半导体激光器（DFB-LD）。

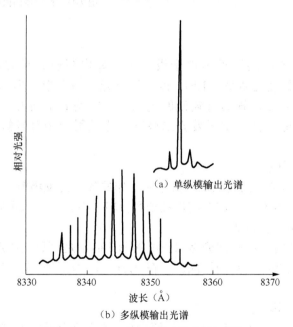

（a）单纵模输出光谱

（b）多纵模输出光谱

图 2-10　GaAlAs-GaAs 激光器的输出光谱

一般在观测激光器光谱特性时，光谱曲线最高点对应的波长为中心波长，而比最高点功率低 3dB 时曲线上的宽度为谱线宽度，用 $\Delta\lambda$ 表示。$\Delta\lambda$ 越大，表示光信号中包含的频率成分越多；$\Delta\lambda$ 越小，光源的相干性越强，LD 性能越好。F-P 腔激光器会产生多个纵模，从而得到较宽的光谱宽度。一个典型 LD 的谱宽为 1～5nm。

④ 转换效率

半导体激光器是把电功率直接转换成光功率的器件，衡量转换效率的高低常用功率转换效率来表示。

激光器的功率转换效率定义为输出光功率与消耗的电功率之比，用 η_p 表示为

$$\eta_p = \frac{R}{V}(1 - \frac{I_t}{I}) \tag{2-6}$$

其中，R 为常数，V 为工作电压，I 为工作电流，I_t 为阈值电流。

⑤ 温度特性

激光器的阈值电流和输出光功率随温度变化的特性为温度特性，如图 2-11 所示。当温度升高时，激光器增益降低，为了使振荡器工作需要更大的电流，因此阈值电流变得更大了。由于发热，在 N 区产生了空穴，在 P 区产生了电子，这些空穴和电子在有源区以外复合，减少了产生受激辐射和增益的载流子数量。此外，有源区中发热生成的电子和空穴将产生非辐射性复合，降低了粒子数反转分布状态，同样会使得增益降低，以及阈值电流增加。

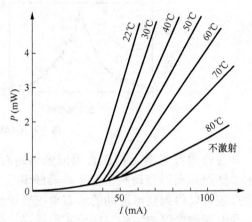

图 2-11 激光器阈值电流随温度变化的曲线

4．发光二极管

发光二极管被广泛应用于很多电子设备中，如电视机、录像机、电话、汽车仪表等。因其小巧和较长的使用寿命，LED 被应用于光纤通信中。但与另外一种光源——半导体激光器相比，发光二极管具有较低的光亮度、较差的定向性、偏低的调制带宽以及不连贯的辐射性。这些特性决定了发光二极管只能适用于相对较短距离和较低带宽的通信网络。

（1）LED 的工作原理

LED 也是由半导体 PN 结构成的，其基本工作原理是自发辐射。在 LED 中不存在谐振腔，发光过程中 PN 结也不一定需要实现粒子数反转分布。当注入正向电流时，注入的非平衡载流子在扩散过程中复合发光。

实际上在发生复合时，有一部分是以热能的形式而不是可见光的形式来释放能量的，这就是为什么开启电子设备会发热的原因。而在 LED 中，电子和空穴复合的结果更多是以光的形式释放出来的。

（2）LED 的基本结构

大部分商用 LED 采用双异质结构。按照光输出位置的不同，LED 分为两大类：一类是面发光型 LED（SLED）；另一类是边发光型 LED（ELED），其结构示意图如图 2-12 所示。基于不同空间的光发射模式，SLED 比较适合与多模光纤配合使用，ELED 则比较适合于单模光纤。

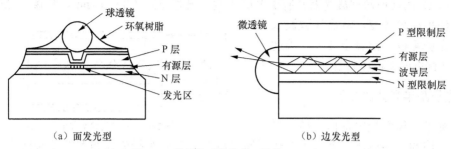

（a）面发光型　　　　　　　　　（b）边发光型

图 2-12　常用的两类发光二极管（LED）

（3）LED 的工作特性

① 波长、光谱和发散角

LED 辐射波长通常由禁带 E_g 决定，为了获得不同的波长，必须选择不同的工作物质。另外，由于 LED 是自发辐射光，没有谐振腔进行选频，其谱线宽度比激光器宽得多。光信号在光纤传输时会导致严重的材料色散和波导色散。同时，又因自发辐射光的方向是杂乱无章的，所以 LED 输出光束的发散角也大。

一般短波长 GaAlAs-GaAs LED 谱宽 $\Delta\lambda$ 为 30～50nm，长波长 InGaAsP-InP LED 谱宽 $\Delta\lambda$ 为 60～120nm。面发光型 LED 的发散角度约为 120°，边发光型 LED 的发散角度约为 30°。

② 输出功率和耦合效率

随着注入电流的增加，LED 的输出光功率近似呈线性地增加。两种类型 LED 的输出光功率特性如图 2-13 所示。当输入正向电流较小时，P_-I 曲线的线性较好；当 I 过大时，由于 P-N 结发热而产生饱和现象，使 P_-I 曲线的斜率减小。

信号传输距离远近的关键不仅是光源发光功率的大小，而是被耦合进入光纤光功率的大小。由于 LED 发射光束的发散角度较大，故与光纤的耦合效率较低。通常工作条件下，LED 工作电流为 50～100mA，输出光功率为几 mW，而入纤光功率只有几十到几百 μW。

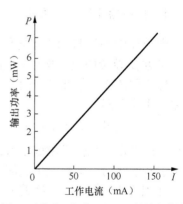

图 2-13　发光二极管（LED）的输出曲线

③ 调制特性

LED 的调制带宽由载流子的复合生存周期所限。当电子被激发到了导带，这个电子需要 τns 时间来落进价带并发生复合。换句话说，生存周期给出了 LED 调制带宽的上限。这就是 LED 的带宽被限制在几百 MHz 的原因，也因此决定了 LED 主要应用于低带宽网络。

此外，与 LD 相比，LED 具有较好的温度特性，且性能稳定、寿命长、使用简单、制造工艺简单、价格低廉。这种器件在中、低速短距离数字光纤通信系统和模拟光纤通信系统中得到广泛使用。

5. DFB-LD

DFB-LD 具有光栅结构，如图 2-14 所示，在激光器的有源层上面有蚀刻的波纹状层，即为光栅。光栅可以根据波长有选择地反射光，只允许谐振腔的一个纵模在有源区来回传播。

因此 DFB-LD 比其他常规激光器具有更窄的谱宽，典型值为 0.1～0.2nm。常规激光器因为温度变化致使折射率改变，从而导致波长改变，而光栅可以稳定输出波长，因此 DFB-LD 具有更好的温度特性。

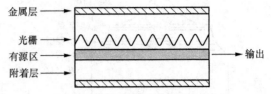

图 2-14　分布反馈半导体激光器

6．量子阱半导体激光器

量子阱半导体激光器是指有源区采用量子阱结构的半导体激光器。当有源层厚度减薄到玻尔半径或德布罗意波长数量级时，就出现量子尺寸效应，这时载流子被限制在有源层构成的势阱内，该势阱称为量子阱。一般半导体激光器有源层厚度约为 100～200nm，而量子阱激光器的有源区只有 1～10nm。

量子阱半导体激光器比起其他半导体激光器具有更低的阈值、更高的量子效率，以及极好的温度特性和极窄的线宽。

二、半导体光电检测器

半导体激光器和发光二极管将电信号转换为光信号，光电检测器的功能正好与之相反：它利用了半导体的光电效应将光信号转换为电信号。

目前在光纤通信系统中，常用的半导体光电检测器有 PIN 光电二极管和 APD 光电二极管。

1．光电检测器工作原理

半导体中的导带和价带之间被禁带分开，导带的能级大于价带的能级。为了使物质导电，必须在导带中充满电子，而禁带却阻碍了这一过程。禁带 E_g 大小决定了物质的导电性。好的导体在价带和导带间不存在禁带，好的绝缘体则存在很大的禁带，半导体则介于导体和绝缘体之间。

当一个能量为 $E = hf = hc/\lambda \geqslant E_g$ 的光子入射到半导体 P-N 结时，价带当中的电子将吸收光子的能量，从价带越过禁带到达导带。在导带中出现光电子，在价带中出现光空穴，即光电子—空穴对，又称光生载流子。这就是半导体的光电效应。

如图 2-15 所示，分离的光电子、光空穴分别受到耗尽层的正负电势的吸引，形成了载流子的移动即电流。若对半导体施加一个反向偏压，会产生更大的光电子和光空穴流，从而在电阻 R 上有信号电压产生，实现了输出电压跟随输入光信号变化的光电转换作用。

2．PIN 光电二极管

利用上述光电效应可以制造出简单的 P-N 结光电二极管，其结构示意图如 2-15 所示。但仔细研究将会发现，一旦入射光子产生了光电子—空穴对，在耗尽层内建电场的作用下，光电子和光空穴被分离开来，加速移动，从而形成光电流。若入射光子没有进入耗尽区而是进入半导体的 P 区和 N 区，同样会产生光生载流子，但由于这些区域电力很弱，运动速度很慢，而且容易发生复合，将导致光电转换效率降低。因此，适当增加耗尽层的宽度是有利的。解决这个难题的办法就是 PIN 光电二极管。

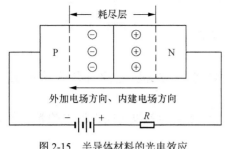

图 2-15 半导体材料的光电效应

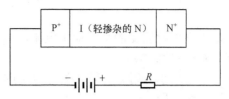

图 2-16 PIN 光电二极管结构示意图

PIN 光电二极管的基本结构如图 2-16 所示。PIN 光电二极管的主要特点是在 P^+ 区和 N^+ 区之间夹有一层厚的轻掺杂 N 型材料,称为 I(本征)层。"本征"在半导体工业中的意思是天然的、不掺杂的。在这种结构中,P^+ 区和 N^+ 区非常薄,是重掺杂区,其电阻很低,故电压很小。而轻掺杂的 I 区很宽,几乎占据了整个 PN 结。I 区中几乎没有载流子,故其电阻很高,绝大部分的二极管电压落在这一层,导致其内部电场很强。因此入射光子在耗尽层内被吸收的概率远高于在 P^+ 区或 N^+ 区被吸收的概率,提高了光电转换效率。另外,也不需要考虑用反向偏压来增加耗尽层的宽度,因此所需的反向偏压很小。

然而有一个 PIN 光电二极管结构不能解决的问题:本征层的宽度。虽然加宽耗尽层有益处,但因传送时间的增大而降低了响应速度。

3. APD 光电二极管

在长途通信系统中,仅有毫瓦数量级的光功率从光发射机输出,经过几十公里光纤的传输衰减,到达光接收机处光信号将变得十分微弱,可以使用一个放大器将光电二极管产生的电流放大来解决这个问题。实际上,光接收机总是包含放大器。但如同其他电子线路一样,放大器会引入噪声,降低光接收机的灵敏度。如果不使用外界放大器而放大光电流,就不会引入电路的噪声。这就是发明雪崩光电二极管(APD)的原因。

拉通型雪崩光电二极管的结构如图 2-17 所示。像普通 PIN 光电二极管一样,入射光子产生最初的电子和空穴。在 APD 光电二极管上施加相对较高的

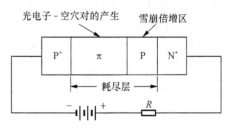

图 2-17 拉通型雪崩光电二级管结构示意图

反向电压,该电压使光生电子——空穴加速,使它们获得了高能量。这些电子和空穴射入中性原子中,分离出其他的电子和空穴。这些二级载流子获得了足够的能量继续分离其他的载流子,引起了一个产生新载流子的雪崩过程——称为雪崩倍增效应。最终一个光子产生了许多载流子,即在光电二极管内部放大了光电流。

4. 光电检测器的特性

光电检测器的特性包括响应度、量子效率、响应时间和暗电流,以及雪崩倍增特性、温度特性和噪声特性等。

(1)PIN 光电二极管的特性

① 响应度和量子效率

响应度和量子效率表征了光电二极管的光电转换效率。响应度定义为

$$R_0 = \frac{I_p}{P_{in}} \quad (\text{A/W}) \tag{2-7}$$

式中，I_p 为光电检测器的平均输出电流，P_{in} 为入射到光电二极管上的平均光功率 R_0。典型值范围是 $0.5 \sim 1.0$A/W。

量子效率表示入射光子转换为光电子的效率。它定义为单位时间内产生的光电子数与入射光子数之比，即

$$\eta = \frac{\text{光电转换产生的有效电子-空穴对数目}}{\text{入射光子数目}} = \frac{I_p/e}{P_{in}/hf} = \frac{I_p}{P_{in}} \frac{hf}{e} = R_0 \frac{hf}{e} \tag{2-8}$$

式中，e 为电子电荷，hf 为一个光子的能量。

响应度和量子效率的关系为

$$R_0 = \frac{e}{hf} \eta = \frac{e \cdot \lambda}{h \cdot c} \eta \approx \frac{\lambda \cdot \eta}{1.24} \tag{2-9}$$

式中 $c = 3 \times 10^8$ m/s 为光速，$h = 6.628 \times 10^{-34}$ J·s 为普朗克常数。

② 响应时间

响应时间是指半导体光电二极管产生的光电流跟随入射光信号变化快慢的状态。一般用响应时间（上升时间和下降时间）来表示，响应时间越短越好。响应时间是从时域角度来看的，若从频域角度看，短的响应时间即意味这个器件宽的带宽。

影响响应时间的因素主要包括载流子在耗尽层里的渡越时间，即载流子穿越耗尽层时间的限制。另外，耗尽层以外产生的载流子由于扩散运动产生时间延迟，会使得光电检测器输出的电脉冲下降沿的拖尾加长，明显地增加了光电检测器的响应时间。

③ 暗电流

在理想条件下，当没有光照时，光电检测器应无光电流输出。但实际上由于热激励、宇宙射线或放射线物质的激励，在无光情况下，光电检测器仍有电流输出，这种电流称为暗电流。

严格地说，暗电流还应包括器件表面的漏电流。暗电流会引起接收机噪声增大。因此，器件的暗电流越小越好。

（2）APD 的特性

APD 的特性除了 PIN 的特性之外还包括雪崩倍增特性、温度特性等。

① 倍增因子（雪崩倍增特性）

倍增因子 G 实际上是电流增益系数。在忽略暗电流影响的条件下，它定义为

$$G = \frac{I_M}{I_P} \tag{2-10}$$

式中，I_M 为有雪崩倍增时光电流平均值，I_p 为无倍增效应时光电流平均值。一般 APD 的倍增因子 G 在 $40 \sim 100$ 之间，PIN 管由于无雪崩倍增作用，故 $G=1$。

② 温度特性

APD 管的增益与温度有关，温度升高通常会使增益下降。降低的原因在于高温条件下粒子之间发生碰撞的平均自由程变小了，许多电载流子没有机会获得产生二次载流子所需要的高速度。

③ 噪声特性

PIN 管的噪声，主要为量子噪声和暗电流噪声，APD 管还有倍增噪声。

【任务实施】

一、半导体激光器的类型

（1）按器件的 P-N 结类型，初期有同质结激光器，后来有异质结、双异质结、多异质结（大光腔）和分别限制异质结激光器。目前广泛采用的量子阱、超晶格激光器，以及正在开发研究的量子线和量子点结构激光器。

（2）按谐振腔结构，可分为依靠天然解理面的 F-P 腔 LD、DFB-LD、DBR-LD，以及垂直腔激光器和微腔结构激光器等。

（3）按材料的类型，半导体激光器使用的材料主要有Ⅲ-V族的 AlGaAs、GaInAsP、InGaAlP 和 InGaN，以及Ⅱ-Ⅵ族的 ZnSe、ZnO 等材料，其中研究最成熟、应用最广泛的是 AlGaAs InGaAsP 和 InGaAlP。

（4）按辐射波长划分，可分为可见光波段，波长范围为 400～490nm，发出蓝绿光的 InGaN LD；波长范围 630～680nm，发红光的 InGaAlP LD，以及发光范围 720～760nm 的 AlGaAs LD；在 760～980nm 的近红外波段，有 AlGaAs 和 InGaAs LD；在中红外 1310～1550nm 波段，则有 InGaAsP LD。此外，采用量子级联技术还有望研制出波长为 2～20μm 的中红外波段和波长为 30～300 μm 的远红外波段半导体激光器。

（5）按输出功率的大小分类，输出功率在毫瓦数量级的激光器被称为小功率激光器；大功率指输出功率在百毫瓦以上到数十瓦的激光器，工作在脉冲状态下的激光器阵列甚至可以达到万瓦级的输出功率。

二、光纤通信中的半导体激光器

半导体激光器（LD）在光纤通信中的主要应用如下。

（1）各种数据、图像等传输系统的发射光源；

（2）光纤有线电视系统的光源；

（3）掺铒光纤放大器（EDFA）和拉曼光纤放大器（FRA）的泵浦源；

（4）全光通信网络中全光波转换器、光交换、光路由、光转发等关键设备的光源。

光纤通信用半导体激光器的种类如表 2-1 所示。

表 2-1　　　　　　　　　　　　　光纤通信用半导体激光器的种类

传 输 系 统		泵　浦	全光网中交换设备
有 线 电 视	数　据		
① 高功率 1.3μm DFB LD 组件 ② 高功率（＞25mW）1.55μm DFB LD 组件	① 1.3μm LD 及组件 ② 1.55μm DFB LD 及组件 ③ 1.55μm DFB LD+EA 调制集成及组件 ④ 1.55μm DFB LD 阵列及组件 ⑤ 可调谐 DFB LD 及组件 ⑥ 多波长或波长可选择 DFB LD 及其集成及组件 ⑦ 光纤光栅外腔激光器等	① 0.98μm 大功率稳频激光器组件 ② 1.48μm 大功率激光器组件 ③ 0.85～0.94μm 大功率激光器及组件等	① 1.55μm DFB LD 组件及集成化器件 ② 光纤光栅外腔激光器等

三、激光器使用注意事项

国际电子技术委员会（IEC）通过波长及照射时间差异造成的危害，按激光输出功率的大小对激光等级划分为 Class1、Class2、Class3A、Class3B 和 Class4 五个等级，如表 2-2 所示。

表 2-2　　　　　　　　　　　　　激光等级及危害

等　　级	危　　害
Class1	对人体无任何危险，用眼睛直视也不会损害眼睛
Class2	不可长时间直视激光束
Class3A/Class3B	直视光束会造成眼睛损伤
Class4	不但其直射光束及镜式反射光束对眼和皮肤损伤，散射光也会对人体造成伤害

目前所使用的激光器大部分都满足激光安全 Class 1 的要求，该类激光器对人体不会造成伤害。尽管这样，我们仍需严格遵守上面的规定，养成良好的激光安全习惯，同时培养激光安全的意识，对生产和测试人员有益无害。对于一些大功率的光设备，其激光安全等级可达 Class 3B，需特别注意。

在使用激光器时应当注意：不要让光纤尾部正对眼睛；不要向光纤里面看；不要直接或使用仪器看光纤尾部。

任务二　光放大器

【任务书】

任务名称	光放大器	所需学时	2
任务目标	能力目标 了解光放大器在光纤通信系统中的功能和应用。 知识目标 （1）了解光放大器的功能和类型； （2）掌握掺铒光纤放大器的工作原理、组成和应用。		
任务描述	为保证长途光缆干线可靠的性能指标，需要在线路适当地点设立中继站。光放大器的研制成功是光纤通信发展史上的重要突破，本任务重点介绍光放大器的结构、工作原理和应用。		
任务实施	了解光放大器在光纤通信系统中的应用。		

【知识链接】

光放大器是可将微弱光信号直接进行光放大的器件。光放大器不同于中继器，中继器能够同时对信号进行放大和整形，经过中继器输出的光信号不但具有足够的功率而且没有脉冲畸变。光放大器不能解决信号畸变的问题，但是解决了光信号功率衰减导致的传输距离受限的问题。换句话说，光放大器不能解决带宽限制问题，但功率限制问题可以得到很好的改善。

一、光放大器的类型

光放大器按工作原理和激励方式的不同分为以下三种类型。

（1）掺杂光纤放大器，利用稀土金属离子作为激光工作物质的一种放大器。

（2）传输光纤放大器，其中包括受激喇曼散射（SRS）光纤放大器、受激布里渊散射（SBS）光纤放大器和利用四波混频效应（FWM）的光放大器等。

（3）半导体激光放大器（SOA），其结构大体上与半导体激光器相同，其工作原理是受激辐射。实际上，半导体激光放大器在结构上是一个没有反馈或反馈较小的激光器。当光介质在泵浦电流或泵浦光作用下产生粒子数反转时就获得了光增益，实现了光放大。

二、掺铒光纤放大器

掺铒光纤放大器（EDFA）是一种高效率的光放大器，因具有高增益、宽带宽、低噪声以及放大波长范围正好是光纤的最低损耗窗口等一系列优点而被广泛应用。EDFA 与波分复用技术、光孤子技术结合时，可实现超大容量、超长距离的传输。

1．EDFA 结构

EDFA 是利用掺铒光纤作为增益介质、使用激光器二极管发出的泵浦光对信号光进行放大的器件。掺铒光纤放大器的结构如图 2-18（a）所示。

波分复用器也称为合波器，其功能是将 980/1550nm 或 1480/1550nm 波长的泵浦光和信号光合路后送入掺铒光纤。对其要求是插入损耗小，对光的偏振不敏感。

光隔离器的作用是使光的传输具有单向性，防止光反射回原器件。这种反射会增加放大器的噪声并降低放大效率。

光滤波器的作用是滤掉工作带宽之外的噪声，以提高系统的信噪比。

掺铒光纤是 EDFA 的核心部件。它以石英光纤作为基质，在纤芯中掺入固体激光工作物质—铒离子。在几米至几十米的掺铒光纤内，光与物质相互作用而被放大、增强。

泵浦源是 EDFA 的另一核心部件，它为光信号放大提供足够的能量，是实现增益物质粒子数反转的必要条件。由于泵浦源直接决定着 EDFA 的性能，所以要求其输出功率高、稳定性好、寿命长。实用的 EDFA 泵浦源都是半导体激光器，其泵浦波长有 980nm 和 1480nm 两种，应用较多的是 980nm 泵浦源，其优点是噪声低，泵浦效率高，功率可高达数百毫瓦。

泵浦光与信号光同时进入光纤，在掺铒光纤入口处泵浦光最强，当它沿光纤传输时，将能量逐渐转移给信号光，信号光强度逐渐增大，自己的强度逐渐变小。

按泵浦源所在的位置可以分为三种泵浦方式，第一种方式为同向泵浦，如图 2-18（a）所示信号光与泵浦光以同一方向进入掺铒光纤，这种方式具有较好的噪声性能；第二种方式为反向泵浦，信号光与泵浦光从两个不同的方向进入掺铒光纤，如图 2-18（b）所示，这种泵浦方式具有输出信号功率高的特点；第三种方式为双向泵浦源，用两个泵浦源从掺铒光纤两端进入光纤，如图 2-18（c）所示。由于使用双泵浦源，输出光信号功率比单泵浦源要高，且放大特性与信号传输方向无关。

不同泵浦方式下输出光信号功率与泵浦光功率之间的关系如图 2-19（a）所示，三种泵浦方式的转换效率分别为 61%、76% 和 77%。

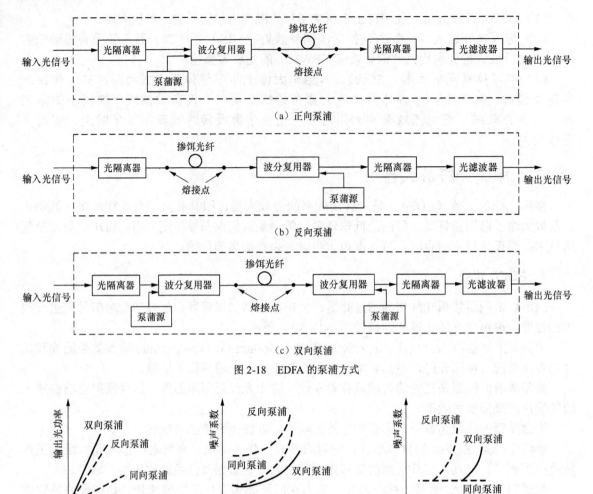

（a）正向泵浦

（b）反向泵浦

（c）双向泵浦

图 2-18　EDFA 的泵浦方式

（a）转换效率的比较　（b）噪声系数与放大器输出功率的关系　（c）噪声系数与掺铒光纤长度之间的关系

图 2-19　不同泵浦方式下输出功率及噪声特性比较

2．EDFA 工作原理

EDFA 的工作原理基于受激辐射。石英光纤中铒离子的能级如图 2-20 所示，这里用 3 个能级表示。铒离子从能级 2 到能级 1 的跃迁产生的受激辐射光，其波长范围从 1500nm 到 1600nm，这是 EDFA 得到广泛应用的重要原因。为了实现受激辐射，需要产生能级 2 与能级 1 之间的粒子数反转，即需要泵浦源将铒离子从能级 1 激发到能级 2，有 980nm 和 1480nm 两种波长的泵浦源可以满足要求。

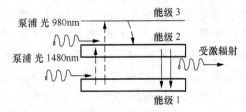

图 2-20　石英光纤中铒离子的能级

如图 2-20 所示，若使用 980nm 波长泵浦，铒离子受激后不断地从能级 1 转移到能级 3 上，在能级 3 上停留很短的时间（生存期），约 1μs，然后无辐射地落到能级 2 上。由于铒离子在能级 2 上的生存期约为 10ms，所以能级 2 上的铒离子不断积累，形成了能级 1、2 之间的粒子数反转。在输入光子（信号光）的激励下，铒离子从能级 2 跃迁到能级 1 上，这种受激跃迁将伴随着与输入光子具有相同波长、方向和相位的受激辐射，使得信号光得到了有效放大；另一方面，也有少数粒子以自发辐射方式从能级 2 跃迁到能级 1，产生自发辐射噪声，并且在传输的过程中不断得到放大，成为放大的自发辐射。

若使用 1480nm 波长泵浦可以直接将铒离子从能级 1 激发到能级 2 上去，实现粒子数反转。

3．EDFA 的特性

（1）增益

EDFA 的输出功率含信号功率和噪声功率两部分，噪声功率是放大的自发辐射产生的，用 P_{ASE} 表示，则 EDFA 的增益用分贝表示为

$$G_{\mathrm{E}} = 10\lg \frac{P_{\mathrm{out}} - P_{\mathrm{ASE}}}{P_{\mathrm{in}}} \tag{2-11}$$

式中，P_{out}、P_{in} 分别是输出光信号和输入光信号功率。

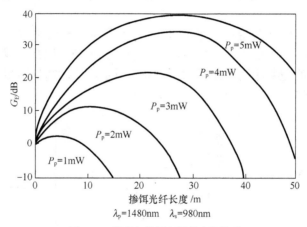

图 2-21 增益与掺铒光纤长度的关系

EDFA 的增益不是简单一个常数或解析式，它与掺铒光纤的长度、铒离子浓度、泵浦功率等因素有关。

由图 2-21 可以看出，随着掺铒光纤长度的增加，增益经历了从增大到减小的过程。这是因为随着光纤长度的增加，光纤中的泵浦功率将下降，使得粒子反转数降低，最终在低能级上的铒离子数多于高能级上的铒离子数，粒子数恢复到正常的数值。由于掺铒光纤本身的损耗，造成信号光中被吸收掉的光子多于受激辐射产生的光子，引起增益下降。由上面的讨论可知，对于某个确定的入射泵浦功率，存在着一个掺铒光纤的最佳长度，使得增益 G_{E} 最大。图 2-21 也显示了不同泵浦功率下增益与掺铒光纤长度的关系。例如，当泵浦功率为 5mW 时，铒纤长为 30m 的放大器可以产生 35dB 的增益。

EDFA 增益与输入光信号功率的关系如图 2-22 所示。当输入光信号功率增大到一定值后，增益开始下降，出现了增益饱和现象。

（2）EDFA 的带宽

如图 2-23 所示，增益系数随着波长的不同而不同。光纤在 1.55μm 低损耗区具有 200nm

带宽，而目前使用的 EDFA 增益带宽仅为 35nm 左右。

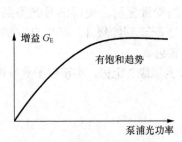

图 2-22 增益与输入光信号功率的关系

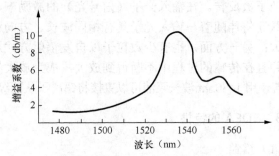

图 2-23 掺铒光纤增益系数与波长的关系

（3）EDFA 增益平坦性

增益平坦性是指增益与波长的关系。EDFA 应该在所需要的工作波长范围具有较为平坦的增益，特别是在 WDM 系统中使用时，要求对所有信道的波长都具有相同的放大倍数。但是作为 EDFA 核心部件的掺铒光纤的增益平坦性却不理想。掺铒光纤增益系数与波长的关系如图 2-23 所示。

为了获得较为平坦的增益特性，增大 EDFA 的带宽，有两种方法可以采用。一种是采用新型宽谱带掺杂光纤，如在纤芯中再掺入铝离子；另一种方法是在掺铒光纤链路上放置均衡滤波器。EDFA 中的均衡滤波器作用如图 2-24 所示，该均衡滤波器的传输特性恰好补偿掺铒光纤增益的不均匀。

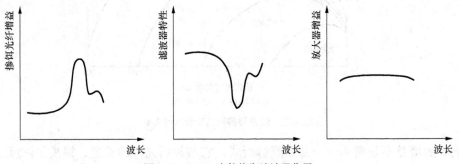

图 2-24 EDFA 中的均衡滤波器作用

（4）噪声系数

噪声系数实际上与掺铒光纤长度、泵浦功率以及泵浦方式有关。不同泵浦方式下的噪声特性比较如图 2-19（b）、（c）所示。图 2-19（b）为噪声系数与放大器输出功率的关系，随着输出功率的增加，粒子反转数将下降，噪声系数增大。图 2-19（c）为噪声系数与掺铒光纤长度之间的关系，不管掺铒光纤的长度如何，同向泵浦方式的 EDFA 噪声最小。

理论分析还表明，噪声系数还与泵浦源波长有关，980nm 泵浦源的噪声特性优于1480nm 泵浦源。EDFA 噪声系统的变化范围在 3.5dB～9dB。

三、受激拉曼散射光纤放大器

受激拉曼散射是光纤中很重要的非线性过程，利用受激拉曼散射可以制成光纤放大器。受激拉曼散射可看成是介质中分子振动对入射光（称为泵浦光）的调制，对入射光产生散射作用。设入射光的频率为ω_1，介质的分子振动频率为ω_v，则散射光的频率为$\omega_s=\omega_1-\omega_v$和$\omega_{as}=\omega_1+\omega_v$。所产生的频率为$\omega_s$的散射光叫做斯托克斯（Stokes）波，频率为$\omega_{as}$的散射光叫做反斯托克斯波。

受激拉曼散射光纤放大器的工作原理：如果一个弱信号波和一个强的泵浦波在光纤中同时传输，并且它们的频率之差处在光纤的拉曼增益谱范围内，则此光纤可用作放大器，经过受激拉曼散射过程，泵浦光把能量转移给信号光从而对弱信号进行放大。

【任务实施】

任务：光放大器的应用

在光纤通信系统中很多地方需要用到光放大器，根据光放大器在光纤链路中所处位置的不同，其应用可以分成线路放大器、前置放大器和功率放大器。

1．线路放大器

在单模光纤通信系统中，光纤的色散影响较小，限制传输距离的主要因素是光纤的损耗，所以用光放大器可以补偿传输损耗。线路放大器适用于超长距离传输的系统。如图 2-25（a）所示。EDFA 用作线路放大器是光纤通信系统的一个重要应用。

2．前置放大器

前置放大是指光放大器的位置在光纤链路末端、接收机之前，如图 2-25（b）所示。在光电检测器之前将弱信号放大，可以抑制在接收机中由于热噪声引起的信噪比下降。由于 EDFA 的低噪声特性，使它很适于作接收机的前置放大器。

3．功率放大器

功率放大器是将光放大器直接放在光发射机之后用来提升输出功率，如图 2-25（c）所示，一般可使传输距离增加 10～100km。如果同时使用前置放大，可实现 200～250km 的无中继海底传输。由于功率放大器直接放置于光发射机后，其输入功率较高，要求的泵浦功率也较大。功率放大器其输入一般要在−8dBm 以上，具有的增益必须大于 5dB。EDFA 也可用作功率放大器。

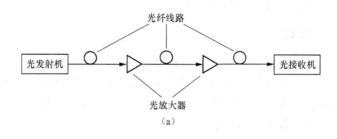

（a）

图 2-25　光放大器的几种应用

任务三 无源光学器件

【任务书】

任务名称	无源光学器件	所需学时	2
任务目标	能力目标 （1）能在光纤通信系统系统中使用无源光学器件。		
	知识目标 （1）掌握无源光学器件的种类； （2）了解常用无源光学器件的性能。		
任务描述	无源光学器件是光纤通信系统必不可少的组成部分。本任务主要介绍无源光学器件的类型、功能和特性。		
任务实施	在机房内，学会正确识别和使用常见的光纤连接器。		

【知识链接】

无源光器件是除光源、光电检测器之外不需要电源的光通路部件。光无源器件是能量消耗型光学器件，可分为连接用的部件和功能性部件两大类。连接用的部件有各种光连接器，用做光纤和光纤、部件（设备）和光纤、或部件（设备）和部件（设备）的连接。功能性部件有分路器、耦合器、光合波分波器、光衰减器、光开关和光隔离器等，用于光的分路、耦合、复用、衰减等方面。

光纤通信系统对无源器件的总体要求：规格标准，插入损耗小，可靠性高，重复性好，不易受外界影响等。

一、光纤连接器

光纤的连接常采用两种办法：一种是要求两根光纤（缆）的连接固定、永久。在光缆施工中，因为一盘光缆的长度一般在 3km 以内，所以两根光缆的接续要采用熔接机将它们熔融相连。另一种是光纤与光发射机（附带尾纤）、光接收机或仪表之间的连接，或者光纤与另一根光纤暂时性的连接，就要用光纤连接器。光纤连接器是光学器件中的基础元件，也是易出故障的器件和用途最广泛的无源器件。

1. 光纤连接器的结构

光纤连接器的基本原理是采用某种机械和光学结构，使两根光纤的纤芯对准，保证 90% 以上的光可以通过。大部分光纤连接器都设计为光纤端面直接对接，让两个光纤端面尽量地接近。如图 2-26 所示，直套型连接器由三个部分组成：两个插头和一个耦合管。两个插头装进两根光纤尾端；耦合管起对准套管的作用。

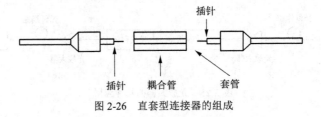

图 2-26 直套型连接器的组成

连接器的基本结构如图 2-27 所示。

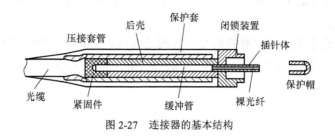

图 2-27 连接器的基本结构

2．光纤连接器的损耗

连接损耗产生的原因可归为两类：一类是光纤公差引起的固有损耗，如芯径、折射率指数等的失配，如图 2-28（a）所示；另一类是连接器加工装配引起的外部损耗，如图 2-28（b）所示。外部损耗往往是主要的，其中间隙和横向偏移造成的损耗占有较大的比例。

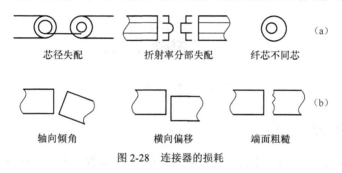

图 2-28 连接器的损耗

3．光纤连接器的性能指标

连接器的主要性能指标如下。

（1）插入损耗。即光纤连接器插入后引起的光信号衰减的程度，一般在 0.5dB 以下。

（2）重复性。即每插拔一次或数次之后，其损耗的变化情况，一般应小于 0.1dB。

（3）互换性。指同一种连接器不同插针替换时损耗的变化量，一般应小于 0.1dB。

（4）回波损耗。指连接时光纤端面对光的反射程度，其典型值应不小于 25dB。

（5）寿命。即在保证连接器具有上述损耗参数范围内插拔次数的多少，一般应在千次以上。

（6）温度性能。指在一定温度范围内连接器损耗的变化量，一般是在–250～+700℃范围内，损耗变化应小于或等于 0.2dB。

此外还有反射损耗（一般应小于–35dB）、抗拉强度等性能。

二、光衰减器

光衰减器的功能是对光功率进行预定量的衰减。例如，光接收机对光功率的过载非常敏感，必须将输入功率控制在接收机的动态范围内，防止其饱和；光放大器的不同信道输入功率要求保持平衡，防止某个或某些信道的输入功率过大，引起光放大器增益饱和等。

光衰减器的工作原理如图 2-29 所示，有以下几种。

（1）耦合型。通过输入、输出两根光纤纤芯的偏移来改变光耦合的大小，从而达到改变衰减量的目的，如图 2-29（a）所示。

（2）反射型。通过改变反射镜的角度，控制透射光的大小，如图 2-29（b）所示。

（3）吸收型。采用光吸收材料制成衰减片，对光进行吸收和透射，如图 2-29（c）所示。

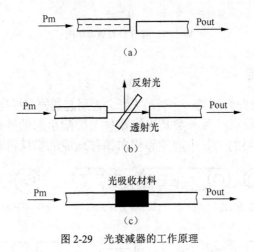

图 2-29　光衰减器的工作原理

三、光分路耦合器

耦合器是对光信号实现分路、合路和分配的无源器件，即把一个输入的光信号分配给多个输出（分路），或把多个输入的光信号组合成一个输出（耦合）。例如，在光纤通信系统或光纤测试中，需要从光纤的主传输信道中取出一部分光信号，作为监测、控制等使用；有时也需要把两个不同方向来的光信号合起来送入一根光纤传输。光分路耦合器在波分复用、光纤局域网、光纤有线电视网中广泛使用，其使用量仅次于连接器。耦合器一般与波长无关，与波长有关的耦合器被称为波分复用器/解复用器或合波/分波器。

1．耦合器类型

几种典型的光纤耦合器结构如图 2-30 所示。

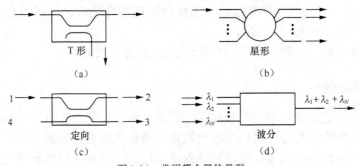

图 2-30　常用耦合器的类型

（1）T形耦合器

这是一个三端耦合器，如图 2-30（a）所示，其功能是把一根光纤输入的光信号按一定比例分配给两根光纤，或把两根光纤输入的光信号组合在一起，输入一个光纤。这种耦合器主要用作不同分光比的功率分配器或功率组合器。

（2）星形耦合器

这是一种 $n×m$ 耦合器，如图 2-30（b）所示，其功能是把 n 根光纤输入的光功率组合在一起，均匀地分配给 m 根光纤，m 和 n 不一定相等。这种耦合器通常用作多端功率分配器。

（3）定向耦合器

这是一种 $2×2$ 的 3 端或 4 端耦合器，其功能是分别取出光纤中不同方向传输的光信号。如图 2-30（c）所示，光信号从 1 端口传输到 2 端口，一部分由 3 端口耦合，4 端口无输出；光信号从 2 端口传输到 1 端口，一部分由 4 端口耦合，3 端口无输出。

（4）波分复用器/解复用器（也称合波器/分波器）

这是一种与波长有关的耦合器，如图 2-30（d）所示。波分复用器其功能是把多个不同波长的发射机输出的光信号组合在一起，输入到一根光纤；解复用器是把一根光纤输出的多个不同波长的光信号，分配给不同的接收机。前者称为合波器，后者称为分波器。

2．主要性能指标

表示光纤耦合器性能指标的参数有：隔离度、插入损耗和分光比等。下面以 $2×2$ 定向耦合器为例来说明。

（1）隔离度 A

如图 2-30（c）所示，由 1 端口输入的光功率 P_1 应从 2 端口和 3 端口输出，4 端口理论上应无光功率输出。但实际上 4 端口还是有少量光功率输出（P_4），其大小就表示了 1、4 两个端口的隔离程度。隔离度 A 表示为

$$A_{1,4} = -10\lg \frac{P_4}{P_1}(dB) \tag{2-12}$$

一般情况下，要求 A＞20dB。

（2）插入损耗 L

插入损耗表示了定向耦合器损耗的大小。如由 1 端口输入光功率 P_1，应由 2 端口和 3 端口输出光功率为 P_2 和 P_3，插入损耗等于输出光功率之和与输入光功率之比的分贝值，用 L 表示为

$$L = -10\lg \frac{P_2 + P_3}{P_1}(dB) \tag{2-13}$$

一般情况下，要求 L≤0.5dB

（3）分光比 T

分光比等于两个输出端口的光功率之比，如从 1 端口输入光功率，则 2 端口和 3 端口分光比

$$T = \frac{P_3}{P_2} \tag{2-14}$$

一般情况下，定向耦合器的分光比为 $1:1 \sim 1:10$，由需求来决定。

四、光隔离器与光环形器

1. 光隔离器

光隔离器保证光波只能正向传输。光隔离器主要用在激光器或光放大器的后面，以避免线路中由于各种因素产生的反射光再次进入激光器而致使激光器性能变坏。

2. 光环形器

光环形器与光隔离器工作原理基本相同，只是光隔离器一般为两端口器件，而光环形器则为多端口器件。如图 2-31 所示，光环形器典型结构有 3 个端口。当光由 1 端口输入时，光几乎无损地由 2 端口输出，其他端口几乎没有光输出；当光由 2 端口输入时，光也几乎无损地由 3 端口输出，其他端口几乎没有光输出，以此类推，这 N 个端口形成了一个连续的通道。

光环形器为双向通信中的重要器件，可以完成正反向传输光的分离任务。光环形器在光通信中的单纤双向、上/下话路、合波/分波及色散补偿等领域有广泛的应用。图 2-32 所示为光环形器用于单纤双向通信的例子。

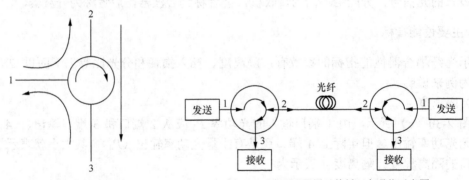

图 2-31　光环形器示意图　　　　　图 2-32　光环形器用于单纤双向通信示意图

五、波长转换器

波长转换器是使信号从一个波长转换到另一个波长的器件。根据波长转换机理，波长转换器可分为光电型波长转换器和全光型波长转换器。

1. 光电型波长转换器

如图 2-33 所示，接收机通过光电检测器首先将波长为 λ_1 的输入光信号转换为电信号，经过放大器的放大后，对激光器进行调制，输出所需的波长为 λ_2 的光信号。光电型波长转换器的优点是比较容易实现，且与偏振无关，但由于速度受电子器件限制，因此不适应高速大容量光纤通信系统和网络的要求。

2. 全光型波长转换器

全光型波长转换器技术主要由半导体光放大器（SOA）构成。最简单的一种是根据半导体光放大器的增益饱和效应而制成的全光型波长转换器，如图 2-34 所示。

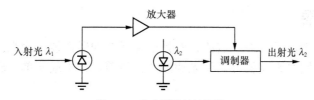

图 2-33 光电型波长转换器

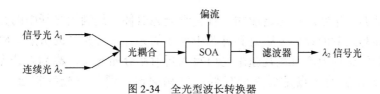

图 2-34 全光型波长转换器

波长为 λ_1 的光信号与需要转换为波长为 λ_2 的连续光信号同时送入半导体光放大器，SOA 对入射光功率存在增益饱和特性，结果使得输入光信号所携带的信息转换到 λ_2 上，通过滤波器取出 λ_2 光信号，实现了从 λ_1 到 λ_2 的全光波长转换。

六、光开关

能够控制传输通路中光信号通或断或进行光路切换作用的器件，称为光开关。光开关是全光交换技术中的关键器件，可实现在全光层的路由选择、波长选择、全光交叉连接，以及自愈保护功能。

光开关一般包括两种：机械式光开关和电子式光开关。机械式光开关的开关功能是通过机械方法实现的。利用电磁铁或步进电机驱动光纤、棱镜或反射镜等光学元件实现光路切换。这类光开关的优点是插入损耗小（一般为 0.5～1.2dB），隔离度高（可达 80dB），串扰小，适合各种光纤，技术成熟；缺点是开关速度较慢，体积较大。另一种光开关利用磁光效应、电光效应或声光效应实现光路切换的器件，称为电子式光开关。与机械式光开关正好相反，此种光开关优点是开关速度快，易于集成化；缺点是插入损耗大，串扰大，只适合单模光纤。

采用半导体光放大器作为光开关时，半导体光放大器可以对输入的光信号进行放大，并且通过偏置电信号控制改变它的放大倍数。如果偏置信号为零，那么输入光信号就会被这个器件完全吸收，使输出信号为零，相当于把光信号"关断"；当偏置信号不为零时，输入光信号就出现在输出端上，相当于让光信号"导通"。因此，这种半导体光放大器可以用于光开关，如图 2-35 所示。同样，掺铒光纤放大器也可以用于光开关，只要控制泵浦光即可。

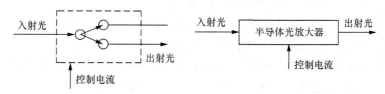

图 2-35 光半导体放大器作为光开关原理图

七、光滤波器

在光纤通信系统中，只允许一定波长的光信号通过的器件被称为光滤波器。如果所通过的光波长可以改变，则称为波长可调谐光滤波器。目前，结构最简单、应用最广的光滤波器是 F-P 腔光滤波器。

八、光纤光栅

光纤光栅是近几年发展最为迅速的一种光纤无源器件，是利用光纤中的光敏性而制成。光敏性是指当外界入射的紫外光照射到纤芯中掺锗的光纤时，光纤的折射率将随光强而发生永久性改变。利用这种效应可在几厘米之内写入折射率分布光栅，称为光纤光栅。

光纤光栅最显著的优点是插入损耗低，结构简单，便于与光纤耦合，而且具有高波长选择性，因此近几年在光纤通信以及应变传感领域中都得到广泛的应用。如光纤布拉格光栅滤波器，就是利用布拉格光栅的基本面特性而制成的一个窄带光学滤波器。

【任务实施】

一、光纤连接器及使用

1．光纤连接器的认识

根据不同的分类方式，光纤连接器包括以下类型。

（1）按传输介质的不同可分为常见的硅基光纤的单模、多模连接器，还有如塑胶等作为传输介质的光纤连接器。

（2）按连接器结构型式可分为：FC、SC、ST、LC 等类型。

FC 型连接器：螺纹连接，外部元件采用金属材料制作的圆形连接器。是我国采用的主要品种，在有线电视光网络系统中大量应用；其有较强的抗拉强度，能适应各种工程的要求。

SC 型连接器：SC 型连接器外壳采用工程塑料制作，采用矩形结构，便于密集安装；不用螺纹连接，可以直接插拔，操作空间小。适用于高密集安装，使用方便。

ST 型连接器：ST 型连接器采用带键的卡口式锁紧结构，确保连接时准确对中。

LC 型连接器：采用插针和套筒的尺寸是普通 SC、FC 等所用尺寸的一半，可以提高光纤配线架中光纤连接器的密度。其特点是锁紧、耐拉，损耗仅为 0.1dB，被广泛应用于LAN、WAN 和有线电视网络中。

（3）按插针端面工艺包括 FC、PC、UPC 和 APC 等类型。

FC：端面为平面，结构简单，操作方便，制作容易，但光纤端面对微尘较为敏感，且容易产生菲涅尔反射，提高回波损耗性能较为困难。

PC：物理接触研磨法，插针端面为球面（球面曲率半径为 15～25mm），光纤可物理接触，从而可实现较大的回波损耗，一般可达 40dB 以上。

UPC：物理接触研磨法，插针端面仍为球面，与 PC 的不同在于其球面曲率半径更小（为 10～15mm），因而回波损耗较 PC 型更大，可达 50dB 以上。

APC：端面仍为球面，但端面倾斜，端面的法线与光纤的轴心夹角为 8°，并作球面研

磨抛光处理，反射损耗可达 60dB 以上。

（4）按光纤芯数分还有单芯、多芯（如 MT-RJ）型光纤连接器之分。

常见光纤连接器及其特点如表 2-3 所示。在尾纤接头的标注中，常见到"FC/PC"、"SC/PC"等，其中 "/"前面部分表示尾纤的连接器型号，如 FC、SC、ST 等；"/"后面部分表示光纤接头端面工艺，即研磨方式。

表 2-3 常见光纤连接器及其特点

连接器型号	描 述	外 形 图
FC/PC	圆形光纤接头/微凸球面研磨抛光	FC/PC
SC/PC	方形光纤接头/微凸球面研磨抛光	SC/PC
LC/PC	方形光纤接头/微凸球面研磨抛光（小型化光纤连接器）	LC/PC
FC/APC	圆形光纤接头/面呈 8° 角并做微凸球面研磨抛光	FC/APC
SC/APC	头/面呈 8° 角并做微凸球面研磨抛光	SC/APC
ST/APC	卡接式圆形光纤接头/面呈 8° 角并做微凸球面研磨抛光	ST/APC
ST/PC	卡接式圆形光纤接头/微凸球面研磨抛光	ST/PC
MT-RJ	机械式转换—标准插座	MT-RJ

2．光纤跳线的认识

光纤跳线一般是单元芯成品光纤经松套塑成缆，通常也称单芯光缆。主要应用于实验室内、机房内，其长度通常为 1m、3m、5m 不等，可分为单模和多模光纤跳线。如图 2-36 所示为两端面类型不同的光纤跳线。

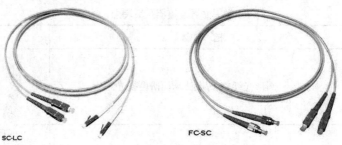

SC-LC　　　　FC-SC

图 2-36　光纤跳线示例

3．光纤连接器、光纤跳线的使用注意事项

（1）光纤端面的清洁

光纤端面由于经常暴露于空气中，或由于手及其杂物碰触，导致光纤接头的损耗增大，影响传输质量。只有正确地擦拭光纤，才能去除杂质和灰尘，否则可能不但不能去除灰尘，反而损坏光纤端面，清洁步骤如下。

第 1 步：使用专用光纤清洁纸或无纺布，蘸适量酒精，轻轻擦拭光纤端面，不可用力；

第 2 步：擦拭完成后，放置数秒，让酒精充分挥发；

第 3 步：待酒精挥发后，再将光纤插入法兰或戴上保护帽。

注意：不可用水或除酒精外的其他液体擦拭光纤；不可使用普通纸张或衣物等擦拭光纤端面；已擦拭过的无尘纸或无纺布，不可重复使用；在户外或某些情况下，可以不使用酒精，直接使用无尘纸擦拭。

（2）光纤跳线的使用规范

光纤跳线的使用规范如表 2-4 所示。同时需要注意的是光纤连接器的不同端面接触方式不能混插使用。通常只有端面类型相同、孔径相同的光纤跳线可以对接。如不同端面类型或不同孔径的光纤跳线对接，会增加额外的损耗、甚至损伤光纤连接头。

表 2-4　　　　　　　　　　　　　光纤跳线的使用规范

光纤跳线的使用规范	图 示 说 明
光连接头与光纤线连接部分的弯折半径不要小于 30 mm（所容许的最小弯折半径）	≥30mm
安装过程中，光纤的盘纤半径也应大于 30mm	

续表

光纤跳线的使用规范	图 示 说 明
避免对光纤线施加 820 N 或更大的拉力。瞬间的超出范围的拉力，都可能对光纤造成永久的损坏	
当光纤线已连接于设备时，不应扭绞光纤线	
在连接光纤线时，注意光连接头应垂直插入光连接插座，不应有倾斜的角度；光连接头连接好时，白色部分应全部插入光插座内	

任务四　光端机

【任务书】

任务名称	光纤通信系统抖动测量	所需学时	2
任务目标	知识目标 （1）掌握光发送机的基本组成； （2）了解光源强度调制的方法； （3）掌握光发送机的主要指标； （4）掌握光接收机的基本组成； （5）掌握光接收机的特性。		
任务描述	光端机包括光发送机和光接收机，是光纤通信系统的基本部件。本任务主要介绍数字光发送机和数字光接收机的基本组成、光发送机的主要指标、光接收机的特性、线路码型的主要要求及常用的几种线路编码方式。		
任务实施	在机房中，能认识和使用常见的光收发一体模块。		

【知识链接】

光发送机与光接收机统称为光端机。光端机位于电端机和光纤传输线路之间，如图 2-37 所示。

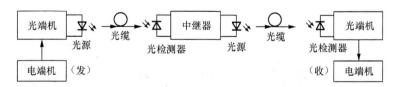

图 2-37　光纤通信系统组成

光发送机是实现 E/O 转换的光端机，将来自于电端机的电信号对光源发出的光波进行调制，再将已调的光信号耦合到光纤中进行传输。

光接收机是实现 O/E 转换的光端机，将光纤传输来的光信号，经过光电检测器转变为电信号，再将电信号经过放大电路放大到足够的电平，送至接收端的电端机去。

光纤实现光信号的传输，光中继器延长通信距离。

一、光发送机

1. 对光发送机的要求

（1）有合适的输出光功率

光发送机的输出光功率是指耦合进光纤的功率，也称入纤功率。入纤光功率越大，可传输的距离也就越长，但太大的光功率也会使得光纤工作在非线性状态。这种非线性效应将会产生很强的频率转换作用和其他作用，对通信产生不良影响。因此，要求光源应有合适的光功率输出，一般为 0.01～5mW。

与此同时，要求输出光功率保持恒定，在环境变化或器件老化过程中，稳定度要求为 5%～10%。

（2）有较好的消光比

消光比的定义为全"1"码平均发送光功率与全"0"码平均发送光功率之比，可用下式表示。

$$EXT = 10\lg\frac{P_{11}}{P_{00}}(\text{dB}) \qquad (2\text{-}15)$$

式（2-15）中，P_{11} 为全"1"码时的平均光功率；P_{00} 为全"0"码时的平均光功率。

理想情况下，当进行"0"码调制时应没有光功率输出，但实际输出的是功率很小的荧光，这将给系统带来噪声，导致接收机灵敏度降低，故一般要求 EXT≥10dB。

（3）调制特性要好

所谓调制特性好，是指光源的 $P\text{-}I$ 曲线在使用范围内线性特性好，否则在调制后将产生非线性失真。

除此之外，还要求电路尽量简单、成本低、稳定性好、光源寿命长等。

2. 光发送机的基本组成

图 2-38 所示为数字光发送机的基本组成，包括均衡放大、码型变换、复用、扰码、时钟提取、光源、光源的调制电路、光源的控制电路（ATC 和 APC）及光源的监测和保护电路等。

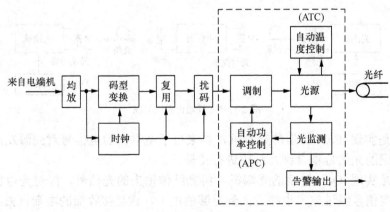

图 2-38　数字光发送机原理方框图

（1）均衡放大

由 PCM 端机送来的电信号是 HDB$_3$ 码或 CMI 码，首先要进行均衡放大，用以补偿由电缆传输所产生的衰减和畸变，保证电、光端机间信号的幅度、阻抗适配，以便正确译码。

（2）码型变换

由均衡器输出的仍是 HDB$_3$ 码或 CMI 码，前者是双极性归零码（即+1、0、−1），后者是归零码。这两种码型都不适合在光纤通信系统中传输。因为在光纤通信系统中，是用有光和无光分别对应"1"和"0"码，无法与+1、0、−1 相对应，需要通过码型变换电路将双极性码转化为单极性码，将归零码转换为不归零码（即 NRZ 码），以适应光发送机的要求。

（3）复用

复用是指利用一个大传输信道同时传送多个低速信号的过程。

（4）扰码

为了保证所提取时钟的频率以及相位与光发射机中的时钟信号一致，必须避免所传信号码流中出现长"0"或长"1"的现象。解决这一问题的方法就是扰码，即在发送端加入一个扰码电路，有规律地破坏长连"0"和长连"1"的码流，从而达到"0"、"1"等概率出现，有利于接收端从线路数据码流中提取时钟。

在接收端则要加一个与扰码电路相反的解扰电路，恢复信号码流原来的状态。

（5）时钟提取

由于码型变换和扰码过程都需要以时钟信号为依据，故均衡放大之后，由时钟提取电路提取 PCM 中的时钟信号供码型变换电路和扰码电路使用。

（6）调制（驱动）电路

光源驱动电路又称调制电路，是光发送机的核心。经过扰码后的数字信号通过调制电路对光源进行调制，让光源发出的光信号强度跟随电信号码流的变化，形成相应的光脉冲送入光纤，完成电/光变换任务。

（7）光源

光源的作用是产生作为光载波的光信号，是实现电/光转换的关键器件。光源在很大程度上决定了数字光发送机的性能。

（8）自动温度控制电路（ATC）

一般半导体激光器和发光二极管等发光器件都有温度特性，随着温度的变化（包括环境温度的变化和光源本身因工作而发热所引起的温度变化）其输出功率会发生变化。因此，稳定光源都设有自动温度控制电路（ATC），控制发光器件的环境温度在一定范围内。一般常见的 ATC 电路是利用微型（半导体）致冷器，再用温度传感器（如热敏电阻等）将温度的变化信息传递给控制电路，后者用来控制致冷器的电流，以改变其致冷量，从而保持发光器件周围的温度恒定。

（9）自动功率控制电路（APC）

采用自动（光）功率控制电路是直接控制发光器件的输出光功率大小的一种有效措施。发光器件输出光功率的大小与其调制和驱动信号的强度有关。若设法对这些信号加以有目的的控制，就可以从另一方面控制发光器件输出光功率的大小。

（10）其他保护、监测电路

光发送机除有上述各部分电路之外，还有一些辅助电路。如光源过流保护电路、无光告警电路、LD 偏流（寿命）告警等。

光纤通信技术

光源过流保护电路保护光源不至于因通过大电流而损坏。一般需要采用光源过流保护电路，以防止反向冲击电流过大。

无光告警电路：当光发送机电路出现故障，或输入信号中断，或激光器失效时，都将使激光器"较长时间"不发光，这时无光告警电路将发出告警指示。

LD 偏流（寿命）告警：光发送机中的 LD 管随着使用时间的增长，其阈值电流也将逐渐增大。因此，LD 管的工作偏流也将通过 APC 电路的调整而增加，一般认为当偏流大于原始值的 3~4 倍时，激光器寿命完结。由于这是一个缓慢的过程，所以发出的是延迟维修告警信号。

3．光源的调制

（1）光源的要求

光源的性能好坏直接影响通信的质量，对光源应满足如下要求。

① 发送的光波波长应和光纤低损耗"窗口"一致，即中心波长在 0.85μm、1.31μm 和 1.55μm 附近。光源谱宽要窄、单色性要好，以减小光纤色散对带宽的限制。

② 电/光转换效率高，即要求在足够低的驱动电流下，有足够大的输出光功率，且线性好。

③ 发送光束方向性要好，以提高光源与光纤之间的耦合效率。

④ 允许的调制速率要高或响应速度要快，以满足大容量系统的传输。

⑤ 器件应能在常温下以连续方式工作，要求温度稳定性好、可靠性高、寿命长。

⑥ 器件体积小、重量轻，安装使用方便，价格便宜。

以上各项中，调制速率、谱线宽度、输出光功率和光束方向性直接影响光纤通信系统的传输容量和传输距离，是光源最重要的技术指标。目前，不同类型的半导体激光器和发光二极管可以满足不同应用场合的要求。

（2）调制方式

光源的调制是指在光纤通信系统中，由承载信息的数字电信号对光波进行调制使其携带信息。目前在实际光纤通信系统中广泛应用的是强度调制——直接检波（IM-DD）。

对光源的进行调制有两种方法：直接调制（内调制）和间接调制（外调制）。在 IM-DD 光纤通信系统中采用直接调制，通常适用于半导体光源，如 LD、LED 等。在波分复用系统、孤子系统及相干系统中采用间接调制，此种调制适用于高速大容量的系统。

① 直接调制

直接调制就是将电信号直接注入光源，使其输出的光载波信号的强度随调制信号的变化而变化，又称为内调制。

LED 直接强度数字调制原理如图 2-39（a）所示。由于 LED 属于无阈值的器件，随着注入电流的增加，输出光功率近似呈线性的增加，其 $P\text{-}I$ 曲线的线性特性好于 LD 的 $P\text{-}I$ 曲线的线性特性。因而 LED 在调制时，其动态范围大，信号失真小。但 LED 属于自发辐射发光，其谱线宽度要比 LD 大得多，这点对高速信号的传输非常不利。

LD 直接强度数字调制原理如图 2-39（b）所示。对 LD 的调制，通常会给激光器加一偏置电流 I_b，在偏置电流上叠加调制电流 I_m，$I_b+ I_m$ 合称为驱动电流，用此电流直接去驱动激光器 LD。当调制脉冲信号为"0"编码时，驱动电流 $I_b+ I_m$ 小于阈值电流 I_{TH}，LD 处于荧光工作状态，输出光功率为"0"；当调制信号脉冲为"1"码时，驱动电流 $I_b+ I_m$ 大于阈值电流 I_t，LD 被激励，发出激光，输出光功率为"1"。在这里偏置电流 $I_b+ I_m$ 一般取（0.7~1.0 mA）I_t，调制电流 I_m 幅度的选择应根据 LD 的 $P\text{-}I$ 曲线，既要保证有足够的输出光脉冲的幅度，又要考

70

虑光源的负担，还要考虑光源的线性区域。

如图 2-39（b）所示，当激光器的驱动电流大于阈值电流 I_{TH} 时，输出光功率 P 和驱动电流 I 基本上呈线性关系，且输出光功率和输入电流呈正比，所以输出光信号可以反映输入电信号的变化。

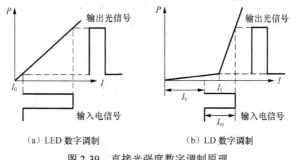

（a）LED 数字调制　　　　（b）LD 数字调制

图 2-39　直接光强度数字调制原理

直接调制的特点是输出功率正比于调制电流，调制简单、损耗小、成本低；但由于调制电流的变化将引起激光器发生谐振腔的长度发生变化，引起发射激光的波长随调制电流线性变化，产生调制啁啾，是直接调制光源无法克服的波长（频率）的抖动。啁啾的存在展宽了激光器发射光谱的线宽，使光源的光谱线特性变坏，限制了系统的传输速度和距离。一般情况下，在常规 G.652 光纤上使用时，传输距离≤100km，传输速率≤2.5Gbit/s。对于不采用光线路放大器的 WDM 系统，从节省成本的角度，可以考虑使用直接调制的激光器。直接调制激光器结构如图 2-40（a）所示。

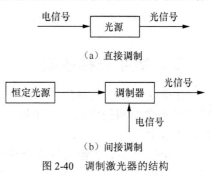

（a）直接调制

（b）间接调制

图 2-40　调制激光器的结构

② 间接调制

间接调制不直接调制光源，而是利用晶体的电光、磁光和声光特性对 LD 所发出的光载波进行调制，又称为外调制。

如图 2-40（b）所示，恒定光源是一个连续发送固定波长和功率的高稳定光源，在发光过程中，不受电调制信号的影响。根据电调制信号以"允许"或者"禁止"通过的方式进行处理。在调制过程中，对光波的频谱特性不会产生任何影响，保证了光谱的质量。与直接调制激光器相比，间接调制大大压缩了谱线宽度。

间接调制系统比较复杂，损耗大，而且造价也高。但能克服"啁啾"噪声，延长传输距离，可以应用于≥2.5Gbit/s 的高速大容量传输系统之中，传输距离也超过 300km。因此在使用线路放大器的 WDM 系统中，一般发送部分的激光器均采用间接调制。光孤子系统以及相干光系统中也使用这种调制方式。

（3）调制特性

① 电光延迟和张弛振荡现象

半导体激光器在高速脉冲调制下，输出光脉冲瞬态响应波形如图 2-41 所示。输出光脉冲和注入电流脉冲之间存在一个初始延迟时间，称为电光延迟时间 t_d，其数量级一般为ns。当电流脉冲注入激光器后，输出光脉冲会出现幅度逐渐衰减的振荡，称为张弛振荡。

张弛振荡和电光延迟的后果是限制调制速率。当最高调制频率接近张弛振荡频率时，波形会严重失真，使得数字光接收机在抽样判决时增加误码率，因此实际使用的最高调制频率应低于张弛振荡频率。

② 码型效应

电光延迟可能导致码型效应。当电光延迟时间 t_d 与数字调制的码元持续时间 $T/2$ 为相同数量级时，会使"0"码过后的第一个"1"码的脉冲宽度变窄，幅度减小，严重时可能使单个"1"码丢失，这种现象称为"码型效应"，如图 2-42（a）、（b）所示。用适当的"过调制"补偿方法，可以消除码型效应，如图 2-42（c）所示。

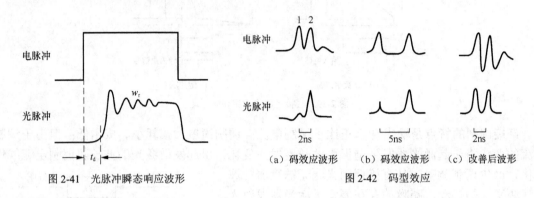

图 2-41　光脉冲瞬态响应波形　　　　　图 2-42　码型效应

二、数字光接收机

光接收机作用是将光纤传输后的光信号变换为电信号，并对电信号进行放大、再生，恢复与发送端相同的电信号，再输入到电接收端机，并且用自动增益控制电路（AGC）保证稳定的输出。

光接收机中的关键器件是半导体光检测器，它和接收机中的前置放大器合称光接收机前端。前端性能是决定光接收机的主要因素。

1．光接收机的基本组成

强度调制——直接检波（IM-DD）的光接收机方框图如图 2-43 所示，主要包括光电检测器、前置放大器、主放大器、均衡器、时钟恢复电路、取样判决器以及自动增益控制（AGC）电路等。

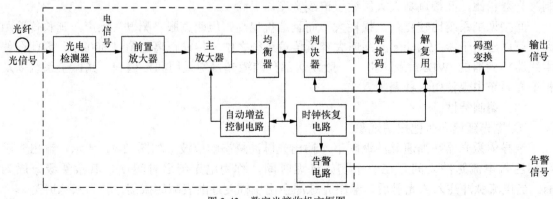

图 2-43　数字光接收机方框图

（1）光电检测器

光电检测器是把光信号变换为电信号的关键器件。由于从光纤传输过来的光信号一般是非常微弱且产生了畸变的信号，光电检测器的性能特别是响应度和噪声，直接影响光接收机的灵敏度。因此光纤通信系统对光电检测器提出了非常高的要求。

① 在系统的工作波长上要有足够高的响应度，即对一定的入射光功率，光电检测器能输出尽可能大的光电流。

② 波长响应要和光纤的 3 个低损耗窗口兼容。

③ 有足够高的响应速度和足够的工作带宽，即对高速光脉冲信号有足够快的响应能力。

④ 产生的附加噪声要尽可能低，能够接收极微弱的光信号。

⑤ 光电转换线性好，保真度高。

⑥ 工作性能稳定，可靠性高，寿命长。

⑦ 功耗和体积小，使用简便。

目前，满足上述要求且适合于光纤通信系统使用的光电检测器主要有半导体光电二极管（PIN）、雪崩光电二极管（APD）和光电晶体管等，其中前两者应用最为广泛。

（2）前置放大器

光接收机的放大器包括前置放大器和主放大器两部分。放大器在放大的过程中，其本身电阻会引入热噪声，其晶体管会引入散弹噪声。不仅如此，在一个多级放大器中，后一级放大器将会把前一级放大器送出的信号和噪声同时放大。基于此，前置放大器的噪声对整个电信号的放大影响很大，因此对前置放大器要求是低噪声、高增益。

前置放大器的噪声取决于放大器的类型，目前有 3 种前置放大器：低阻抗前置放大器、高阻抗前置放大器和跨阻抗前置放大器（或跨导前置放大器）。

（3）主放大器

主放大器一般是多级放大器，它的主要功能是提供足够高的增益，把来自前置放大器的输出信号放大到判决电路所需的信号电平值。它还是一个增益可以调节的放大器，当光电检测器输出的电信号出现起伏时，通过自动增益控制（AGC）对主放大器的增益进行调节，以使输入光信号在一定范围内变化时，输出电信号应保持恒定大小。一般主放大器的峰—峰值输出是几伏数量级。

（4）自动增益控制（AGC）

AGC 是用反馈环路来控制主放大器的增益，增加了光接收机的动态范围。在采用 APD 的光接收机中还通过控制 APD 的高压来控制雪崩增益。当光信号功率输入较大时，则通过反馈环路降低放大器的增益；当光信号功率输入较小时，则通过反馈环路提高放大器的增益，使输出信号的幅度达到恒定，便于判决。

（5）均衡器

均衡器的作用是对经过光纤线路传输、光/电转换和放大后已产生已畸变（失真）和有码间干扰的电信号进行均衡补偿，使其变为码间干扰尽可能小的信号，有利于判决再生电路的工作，减小误码率。

（6）再生电路

再生电路的任务是把均衡器输出的升余弦波形恢复成数字信号，由判决器和时钟恢复电路组成。再生过程如图 2-44 所示，为了判定信号首先要确定判决的时刻，需要从均衡后的升余弦中提取准确的时钟信号。时钟信号经过适当相移后，在最佳时刻对升余弦波形进行取样，然后将取样幅度与判决门限进行比较，以判定码元是"1"还是"0"，从而把升余弦波形恢复成传输的数字波形。

2. 光接收机的噪声特性

光接收机的噪声主要来源于光接收机的内部噪声，包括光电检测器的噪声和光接收机的电路噪声。这些噪声的分布如图 2-45 所示。

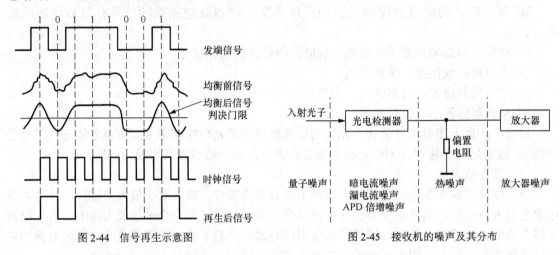

图 2-44　信号再生示意图　　　　　图 2-45　接收机的噪声及其分布

（1）光电检测器的噪声

① 量子噪声

光电检测器受到外界光照，由光子激励而产生的光生载流子是随机的，导致输出电流的随机起伏，这就是量子噪声。即使在理想的光电检测器中，热噪声和暗电流噪声等于零，量子噪声也会伴随着光信号而产生。因此，量子噪声是光电检测固定噪声，是影响光接收机灵敏度的主要原因。

② 暗电流噪声

暗电流是指无光照射时光电检测器中产生的电流。由于激励暗电流的条件，如热激励、放射性等都是随机的，因而激励出的暗电流也是浮动的，这就产生了噪声，称为暗电流噪声。严格地说，暗电流还应包括器件表面的漏电流，由漏电流产生的噪声为漏电流噪声。

③ 雪崩倍增噪声

由于雪崩倍增作用是随机的，这种随机性必然要引起 APD 输出信号的浮动，从而引入噪声。

对于 PIN 光电二极管来说，内部噪声主要是量子噪声。对于雪崩光电二极管来说，既有量子噪声也有雪崩倍增噪声。

（2）光接收机的电路噪声

光接收机的电路噪声主要是前置放大器的噪声。前置放大器的噪声包括电阻热噪声及晶体管组件内部噪声。

由于前置放大器输入的是极其微弱的信号，其噪声对输出信噪比影响很大，而主放大器输入的是经过前置级放大的信号，只要前置级增益足够大，主放大器引入的噪声就可以忽略不计。

【任务实施】

一、光收发一体模块的认识

光收发一体模块作为光通信的核心器件，主要完成对光信号的光—电/电—光转换功能。内部可分为独立的两个部分：接收和发送。发送部分实现电—光变换，接收部分实现光-电变换。常见光收发一体模块如表 2-5 所示。

表 2-5　　常见光收发一体模块

类　型	图　示	类　型	图　示
1×9		GBIC	
SFP		XENPAK	
SFF		X2	
XFP		300pinMSA	

1．类型

（1）按封装可分 1×9、SFF、SFP、XFP、SFP+、X2、XENPARK 和 300pin 等。

（2）按速率单位可分为 Mbti/s 或 Gbit/s。涵盖了以下主要速率：低速率、百兆（155M，622M）、千兆（吉比特）、1.25G、2.5G、4.25G、4.9G、6G、8G、10G 和 40G 等。

（3）按波长可分为常规波长、CWDM、DWDM 等。

（4）按颜色可区分单模光纤（黄色）和多模光纤（橘红色）。

（5）按使用性可分热插拔（ SFP、XFP、XENPARK）和非热插拔（1×9、SFF）。

2．结构

光收发一体模块包括 3 大部分：插拔式光电器件、电子功能电路和光接口。光发射部分由光源、驱动电路、控制电路 3 部分构成，具有发射禁止和监视输出的功能。模块内部的驱动电路包括 APC 电路和 ATC 电路。光接收部分主要由 PIN FET 前放组件和主放电路两部分组成，并具有无光告警功能。

3．常见光收发一体模块

（1）1×9 封装

焊接型光模块，一般速率不高于吉比特每秒，多采用 SC 接口。

（2）SFF 封装

焊接小封装光模块，一般速率不高于吉比特每秒，多采用 LC 接口。SFF 小封装光模块采用了先进的精密光学及电路集成工艺，尺寸只有普通双工 SC（1×9）型光纤收发模块的一半，在同样空间可以增加一倍的光端口数，增加了线路端口密度，降低了每端口的系统成本。又由于 SFF 小封装模块采用了与铜线网络类似的 MT-RJ 接口，大小与常见的电脑网络铜线接口相同，有利于现有以铜缆为主的网络设备过渡到更高速率的光纤网络以满足网络带宽需求的急剧增长。

（3）GBIC 封装

热插拔千兆接口光模块，采用 SC 接口。GBIC 是 Giga Bitrate Interface Converter 的缩写，是将千兆位电信号转换为光信号的接口器件。GBIC 设计上可以为热插拔使用，是一种符合国际标准的可互换产品。采用 GBIC 接口设计的吉比特交换机由于互换灵活，在市场上占有较大的市场份额。

（4）SFP 封装

热插拔小封装模块，目前最高速率可达 4G，多采用 LC 接口。SFP 可以简单地理解为 GBIC 的升级版本。SFP 模块体积比 GBIC 模块减小一半，可以在相同的面板上配置多出一倍以上的端口数量。SFP 模块的其他功能基本和 GBIC 一致。有些交换机厂商称 SFP 模块为小型化 GBIC（MINI-GBIC）

（5）XENPAK 封装

应用在万兆以太网，一般采用 SC 接口。

（6）XFP 封装

10G 光模块，可用在万兆以太网、SONET 等多种系统，多采用 LC 接口。

【过关训练】

一、填空题

1．光不仅具有波动性，而且具有（   ）性，因此说光具有（   ）性。在光器件中体现光（   ）性，在光波传输中体现光（   ）性。

2．在研究光与物质的相互作用时，爱因斯坦指出存在着三种不同的基本过程，即（   ）、（   ）、（   ）。

3．要想物质能够产生光放大，就必须使得（   ）大于（   ）作用。

4．构成激光振荡器，应包括以下 3 个部分：（   ）、（   ）、（   ）。

5．我们将激光器能够产生激光振荡的最低限度，称为（   ）。

6．对于半导体激光器，当外加正向电流达到某一值时，输出光功率将急剧增加，这时将产生（   ），这个电流值称为（   ），用（   ）表示。

7．半导体发光二极管发光只限于（   ），发出的是（   ）。

8．实现光源调制的方法有两类，即（   ）和（   ）。

9．LD 阈值电流随 LD 管温度的升高而（   ），这样会使得输出光功率变化，为了稳定输出光功率，必须采用（   ）和（   ）电路。

10．只有波长满足（　　　　　　）的入射光，才能使材料产生光生载流子。

11．光电检测器是利用（　　　　　　　）实现光电转换的。

12．PIN 光电二极管，是在 P 型材料和 N 型材料之间加入一层轻掺杂的（　　　　）型材料，称为（　　　　）层。

13．从时域角度看，一个快速响应的光电检测器，它的响应时间一定是（　　　　）的；从频域角度看，短的响应时间意味着（　　　　　）。

14．雪崩光电二极管的倍增是具有随机性的，这种随机性的电流起伏将带来（　　　　），一般称为（　　　　　）。

15．判决器由（　　　　）和（　　　　　）组成。

16．光接收机噪声主要是（　　　　）和（　　　　）引入的。

17．为了保证光脉冲信号在光纤中远距离传输，一般在线路中需加有（　　　　）。

二、选择题

1．不属于半导体激光器特性参数的是（　　　）

A．输出光功率　　　　　　　B．阈值电流　　　　　　　C．转换效率　　　　　　　D．消光比

2．目前，掺铒光纤放大器噪声系数可低至（　　　）

A．−3～0 dB　　　　　　　　　　　　　　B．0～3 dB

C．3～4 dB　　　　　　　　　　　　　　D．10～15 dB

3．已知某 Si-PIN 光电二极管的响应度 $R_0 = 0.5$ A/W，一个光子的能量为 2.24×10^{-19} J，电子电荷量为 1.6×10^{-19} C，则该光电二极管的量子效率为（　　　）

A．40%　　　B．50%　　　　　　　　　C．60%　　　　　　　　D．70%

4．随着激光器使用时间的增长，其阈值电流会（　　　）

A．逐渐减少　　　　　　　　　　　　B．保持不变

C．逐渐增大　　　　　　　　　　　　D．先逐渐增大后逐渐减少

5．在光纤通信系统中，当需要保证在传输信道光的单向传输时，采用（　　　）。

A．光衰减器　　　　　　　　　　　　B．光隔离器

C．光耦合器　　　　　　　　　　　　D．光纤连接器

6．为了使雪崩光电二极管正常工作，在其 P-N 结上应加（　　　）

A．高正向偏压　　　　　　　　　　　B．低正向偏压

C．低反向偏压　　　　　　　　　　　D．高反向偏压

二、简答题

1．光接收机有哪些噪声？

2．什么是半导体材料的光电效应？

3．光纤通信系统对光发射机有哪些要求？

4．半导体激光器的工作原理是什么？

5．光纤定向耦合器有哪几个主要参数？物理含义分别是什么？

6．LD 和 LED 的区别是什么？

三、作图题

1．分别画出半导体发光二极管和半导体激光器的典型输出特性曲线，并在 LD 的曲线上标出阈值电流点及荧光区和激光区的范围。

2．画出在光接收机中，单个脉冲在均衡器前后的波形图。

项目三

光纤通信性能指标测试

【项目导入】本项目主要介绍光纤通信中各项参数指标及相关测试，具体包括光纤通信中的常用仪表使用、光端机光接口参数测量、光端机电接口参数测量、光纤通信系统的误码测量和光纤通信系统的抖动测量。

任务一　常用仪表使用

【任务书】

任务名称	常用仪表使用		所需学时	2
任务目标	能力目标 （1）能熟练使用光衰减器，测量光纤通信中各项参数指标； （2）能熟练使用稳定光源和光功率计，测量光纤通信中各项参数指标； （3）能熟练使用传输特性分析仪，测量光纤通信中各项参数指标； （4）能熟练使用光时域反射仪（OTDR），测量光纤线路各项参数指标。			
	知识目标 （1）掌握光衰减器的用途、分类、工作原理及使用； （2）掌握常用稳定光源/光功率计的用途、分类、工作原理及使用； （3）掌握传输特性分析仪的用途、分类、工作原理及使用； （4）掌握光时域反射仪（OTDR）的用途、分类、工作原理及使用。			
任务描述	本任务主要介绍光衰减器、稳定光源/光功率计、传输特性分析仪和光时域反射仪（OTDR）等常用光通信仪表的用途、分类、原理和使用。通过对常用光纤通信仪表的介绍，培养读者熟练使用仪表各项功能的能力。			
任务实施	通过对光纤通信中常用仪表的介绍，学生能够了解常用仪表的用途、分类、工作原理和使用。			

【知识链接】

一、光衰减器

1. 用途与分类

光衰减器是用于对光功率进行衰减的器件，它主要用于光纤系统的指标测量、短距离通信系统的信号衰减以及系统试验等场合。光衰减器要求重量轻、体积小、精度高、稳定性好、使用方便等。

光衰减器有两种类型，即可变光衰减器和固定光衰减器。

2．工作原理

目前常用的衰减器主要采用金属蒸发膜来吸收光能，实现光的衰减。

（1）固定光衰减器

固定光衰减器在光纤端面上按要求嵌入一定厚度的金属膜，模的中间有孔，可以通过改变金属膜孔径的大小来实现光的衰减，如图 3-1 所示。它的衰减量是一定的，用于调节传输线路中某一区间的损耗，要求体积小、重量轻。通常可以制成活动接头式，也可以制成法兰盘式，具体有 5dB、10 dB、20 dB、30 dB、40 dB 等规格的标准衰减量，要求衰减量误差小于 10%。

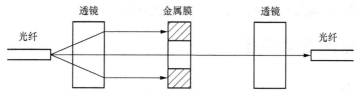

图 3-1　固定光衰减器的基本结构

常见固定光衰减器有：法兰式固定光衰减器，如图 3-2（a）、（b）、（c）、（d）所示，插座式（高回损型）固定光衰减器，如图 3-2（e）、（f）、（g）、（h）所示，应用在光纤通信系统、光纤 CATV、大功率光器件测量中。

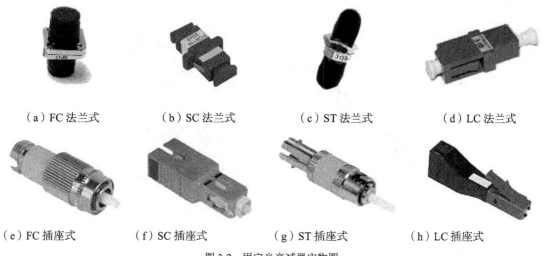

（a）FC 法兰式　　　（b）SC 法兰式　　　（c）ST 法兰式　　　（d）LC 法兰式

（e）FC 插座式　　　（f）SC 插座式　　　（g）ST 插座式　　　（h）LC 插座式

图 3-2　固定光衰减器实物图

（2）可变光衰减器

可变光衰减器是将光纤输入的光经过自聚焦透镜变成平行光束，平行光束经过衰减片再送到自聚焦透镜并耦合到输出光纤中。衰减片通常是表面蒸镀了金属吸收膜的玻璃基片。为了减小反射光，衰减片与光轴可以倾斜放置。连续可调光衰减器一般采用旋转式结构，衰减片不同区域的金属膜厚度不同，这种衰减器可分为连续可变和分挡可变两种。通常将这两种可变衰减器组合起来使用，衰减范围可达 60dB 以上，衰减量误差小于 10%，如图 3-3 所示。

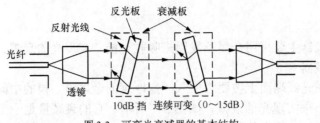

反光板 衰减板
反射光线

光纤

透镜

10dB 挡 连续可变（0～15dB）

图 3-3 可变光衰减器的基本结构

在测试光接收机灵敏度时，需要用可变光衰减器进行连续调节来观察光接收机的误码率。在校正光功率计和评价光传输设备时，也要用到光可变衰减器。光可变衰减器的主要技术指标是衰减范围、衰减精度、衰减重复性以及原始插入损耗等。

二、稳定光源/光功率计

1. 用途与分类

（1）稳定光源

光源在光纤测量中用于输出高稳定的光波，是光特性测试不可缺少的信号源，如图 3-4 所示。对现成的光纤系统，通常也可把系统的光发射端机当作稳定光源。如果端机无法工作或没有端机，则需要单独的稳定光源。稳定光源的波长应与系统端机的波长尽可能一致。

红光源   JW3104 手持式光源

图 3-4 光源实物图

光纤通信测量中使用的稳定光源有半导体激光二极管式稳定光源和发光二极管式稳定光源，发光元件输出近红外 850nm、1310nm 和 1550nm 波长的单色光。

（2）光功率计

光功率计是测量光功率大小的仪表，是光纤通信系统中最基本，也是最主要的测量仪表，如图 3-5 所示。光功率计可直接测量光功率，与稳定化光源配合使用还可测量光纤的传输损耗和光纤元件的插入损耗。若与其他仪器设备配合使用，则可对光纤的其他各主要参数进行测量。

光功率计的种类很多，根据显示方式的不同，可分成模拟显示型和数字显示型两类；根据可接收光功率大小的不同，可分成高光平型（测量范围为＋10～40dBm）、中光平型（范围为 0～55dBm）和低光平型（范围为：0～90dBm）三类；根据光波长的不同，可分为长波长型（范围为 1.0～1.7m）、短波长型（范围为 0.4～1.1m）和全波长型（范围为 0.7～1.6m）三类；此外，根据接收方式的不同，还可将光功率计分成连接器式和光束式两类。

AV6334 可编程光功率计　　　　　　　　　JW31204 手持式光功率计

图 3-5　光功率计实物图

2. 工作原理

（1）稳定光源

① 发光二极管式稳定光源

发光二极管是比较稳定的半导体发光器件，只要工作环境温度保持一定，其输出光功率就可以在长时间内保持稳定。为了稳定发光二极管的输出光功率，一般采用如图 3-6 所示的温度补偿式的稳定电路。

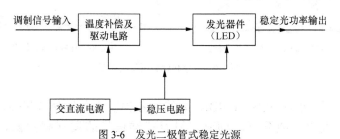

图 3-6　发光二极管式稳定光源

② 激光二极管式稳定光源

影响半导体激光器 LD 输出光功率不稳定的因素有很多，如阈值电流、光功率效率等随着温度和时间的变化而变化。因此，为保证半导体激光器 LD 的工作环境温度，需要进行温度控制，即采用自动温度控制电路（ATC），同时也要对半导体激光器 LD 的输出光功率进行相应的稳定控制，即采用自动功率控制电路（APC），为了实现输出光功率的稳定采用激光二极管式稳定光源，其原理框图如图 3-7 所示。

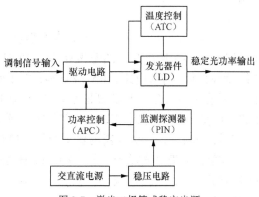

图 3-7　激光二极管式稳定光源

（2）光功率计

测量光功率的方法有热学法和光电法。光通信测量中普遍采用的光电法制作的光功率计。光电法就是用光电检测器检测光功率，其基本原理框图如图3-8所示。

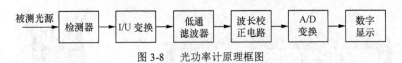

图3-8 光功率计原理框图

被测光源照射到光电检测器（一般采用 PIN 管）上产生微弱的光生电流，该电流与入射到光敏面上的光功率成正比，通过 *I/U* 变换器变成电压信号后，再经过放大和数据处理，便可以显示出对应的光功率值的大小。

3．传输特性分析仪

（1）用途与应用

传输特性分析仪主要用于 SDH/PDH 网络和设备的综合测试、网络开通、维护测试和故障定位等，如图3-9所示。

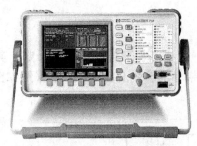
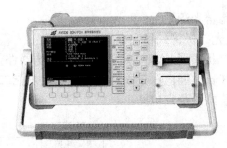

HP37718A/B/C 数字传输分析仪   AV5236 SDH/PDH 数字传输分析仪

图3-9 数字传输分析仪实物图

分析仪可以测量 PDH 系统和 SDH 系统的各种误码和告警（包括离线测试和在线测试），并进行各种误码性能分析，同时可进行抖动信号的调制和测试，最高测试速率达2488MHz（STM16）。

（2）工作原理

传输特性分析仪大致上可分为发射和接收两部分。发射部分由 PDH/SDH 时钟源、抖动信号源、抖动调制器、图形发生器、PDH 成帧或非帧电路、STM-1 复用器、STM-4 复用器、编码器、输出电路、CMI 编码器和 E/O 变换器构成。它是一个数字通信信号源。首先由图形发生器产生各种测试图形，由 PDH 成帧电路将这种图形装入 PDH 帧结构，然后通过STM-1 复用器映射到 SDH 的容器中，或者直接将图形映射到容器中，形成 STM-1 的帧结构信号。最后由 STM-4 复用器复用为 STM-4 的帧结构信号。

发射部分有 3 种输出。第一种，PDH 电接口输出，可以选择各种编码。第二种，STM-1 电接口输出，只设 CMI 编码。第三种，STM-1/4 光接口输出，光波长可以是 1310nm，也可以是 1550nm。

接收部分是一个误码、告警和功能检测器，还可测量频率。由 O/E、时钟恢复、STM-4

解复用、STM-1 解复用、PDH 去帧电路、比特误码检测器、计数器、显示器、定时发生器、本地图形发生器、解码器和编码误码检测器构成。

三、光时域反射仪

1．用途与应用

光时域反射仪（Optical Time Domain Reflectometer，OTDR），又称后向散射仪或光脉冲测试器，它是光缆线路施工和维护中常用的测试仪器，如图 3-10 所示。

E6000 型高性能 OTDR　　　　　　　　　AV6416 掌上型 OTDR

图 3-10　光时域反射仪 OTDR 实物图

OTDR 常用来测量光纤的插入损耗、发射损耗、光纤链路损耗、光纤长度、光纤故障点的位置及光功率沿路由长度的分布情况（P-L 曲线）等，并且在屏幕上以图形曲线的形式直观地表现出来，OTDR 还可以自动存储测试结果，自带打印机。

2．工作原理

光时域反射仪是利用光线在光纤中传输时的瑞利散射所产生的背向散射而制成的精密的光电一体化仪表。

瑞利散射：当光线在光纤中传播时，由于光纤中存在着分子级大小的结构上的不均匀，光线的一部分能量会改变其原有传播方向向四周散射，这种现象被称为瑞利散射。其中又有一部分散射光线和原来的传播方向相反，被称为背向散射，如图 3-11 所示。

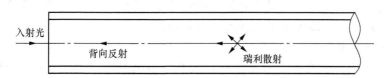

图 3-11　瑞利散射和背向反射

OTDR 的原理框图如图 3-12 所示。图中的主时钟产生标准时钟信号，脉冲发生器根据这个时钟产生符合要求的窄脉冲，并用它来调制光源；光定向耦合器将光源发出的光耦合到被测光纤，同时将散射和反射信号耦合进光检测器，经放大及信号处理后送入示波器，显示输出波形及在数据输出系统输出的有关数据。要进行信号处理的原因是，后向散射光非常微弱，淹没在噪声中，只有采用取样积分器对微弱散射光进行取样求和，使随机噪声抵消，才能将散射信号取出。

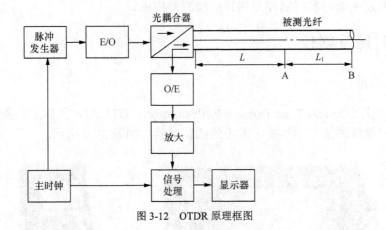

图 3-12 OTDR 原理框图

根据上述原理，由光纤一端注入一个很窄的光脉冲，以在该端接收背向散射信号，并经对数处理后，所得结果作为纵坐标，以信号回到该点的时间先后为横坐标（实际仪表显示采取长度 $L=ct/2n$），显示该光纤的背向散射曲线，如图 3-13 所示。

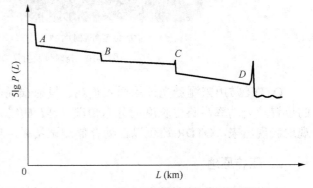

OA 段：盲区，其长度和注入光脉冲宽度成正比。

A~B、*B~C*、*C~D* 段：均匀光纤。

A 点：光纤的输入端，是由耦合设备和光纤输入端端面产生的菲涅耳（Fresnel）反射信号，并且此处的光信号最强。

B 点：光纤的熔接接头产生的下降台阶。

图 3-13 OTDR 的典型背向散射特性曲线

C 点：光纤的活动连接器接头产生的菲涅耳反射的下降台阶或，由光纤裂缝产生的局部菲涅耳反射。

D 点：光纤末端由于光纤与空气之间的折射率差而产生的菲涅耳反射。

在曲线中只要读出两点的电平差就是该点间的光纤衰减；水平两点间的差即为该两点间的距离；下降台阶的高度即表征了光纤的接头衰减。

（1）反射事件和非反射事件

光纤中的熔接头和微弯都会带来损耗，但不会引起反射。由于它们的反射较小，我们称之为非反射事件，如图 3-14 所示。

活动连接器、机械接头和光纤中的断裂点都会引起损耗和反射，我们把这种反射幅度较大的事件称为反射事件，如图 3-14 所示。

（2）光纤末端

第一种情况，光纤的端面平整或有活动连接器，在末端产生一个反射幅度较高的菲涅耳反射，如图 3-15（a）所示。

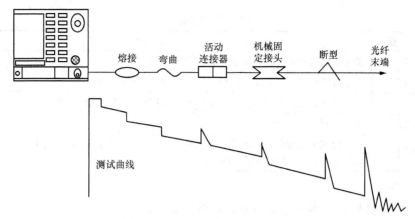

图 3-14　OTDR 测试事件类型及显示

第二种情况，光纤末端显示的曲线从背向反射电平简单地降到 OTDR 噪声电平以下。有时破裂的末端也可能会引起反射，但它的反射不会像平整端面或活动连接器带来的反射峰值那么大，如图 3-15（b）所示。

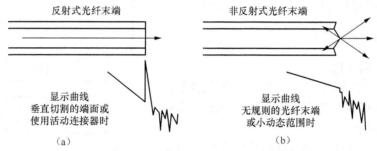

图 3-15　两种光纤末端及曲线显示示意图

【任务实施】

1．光衰减器

（1）各功能键作用

本任务以 AV6381B 可编程光衰减器为例说明其使用方法，其面板图如图 3-16 所示。

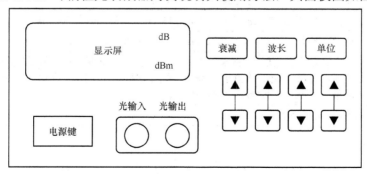

图 3-16　可编程光衰减器面板

AV6381B 可编程光衰减器能够在 1200～1650nm 宽波长范围内提供 0～60dB 的连续可调衰减，具有极高的可靠性和稳定性，各功能键作用如表 3-1 所示。

表 3-1   光衰减器各功能键作用

序号	按 键	说 明
1	电源键	按下该键打开电源，再次按下该键关闭电源
2	单位键	用于设置衰减单位，常用的单位有 W、dB 和 dBm 三种
3	波长键	用于选择波长，常用的波长有 850nm、1310nm 和 1550nm 三种
4	衰减键	用于设置衰减大小
5	▲▼键	用于设置的损耗值和波长值。一般有仪表损耗从左至右为 10、1、0.1 和 0.01；仪表波长从左至右为 1000、100、10 和 1

（2）操作步骤

第 1 步：在光纤线路中串入光衰减器，注意只能串入；

第 2 步：打开光衰减器电源开关；

第 3 步：设置测试单位；

第 4 步：设置测试波长，注意常用的波长有 850nm、1 310nm 和 1 550nm 三种；

第 5 步：根据需要调整损耗大小直到适合为止。

2. 稳定光源/光功率计

（1）各功能键作用

本任务以 AV2498A 光万用表（由独立的光功率计和稳定光源组成）为例说明其使用方法，其面板图如图 3-17 所示。

AV2498A 光万用表各功能键作用如表 3-2 所示。

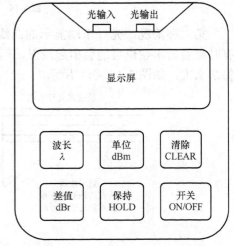

图 3-17   AV2498A 光万用表面板

表 3-2   光万用表各功能键作用

序号	按 键	说 明
1	开关	电源开关键，按此键可接通或断开仪表电源。接通电源，仪表先被初始化，随后进入测量状态
2	清除	自动清零键，自动清零完毕，则进入测量状态。在清零过程中，应关好探测器盖，防止光信号输入，否则会引起测量结果的错误
3	波长	波长选择按键，常用波长为 850nm、1300nm、1310nm 和 1550nm
4	单位	单位选择按键，使仪表以 W 或 dBm 或 dB 为单位显示测量结果
5	差值	测光衰耗时用。第一次测量的 dBm1 值，此时按下该键，机内将当前测量值进行存储，液晶屏显示 dBr。第二次测量的 dBm2 值，此时按下该键，完成 dBm2−dBm1=dBr 的操作，屏幕显示 dBr，同时显示 dBr 的值
6	保持	保持显示当前数值

（2）操作步骤

① 光源操作

第 1 步：开机预热 5 分钟；

第 2 步：按清除键，清除仪表内存数据；

第 3 步：将被测光纤连接到光输出口上，注意光纤接口类型；

第4步：设置输出波长，单模光纤波长为 1310nm 和 1550nm；

第5步：让光源加电 5～10 分钟，使输出光功率稳定。

② 光功率计操作

第1步：开机预热 5 分钟；

第2步：按清除键，清除仪表内存数据；

第3步：将被测光纤连接到光输入口上，注意光纤接口类型；

第4步：设置测试单位（dBm）和波长（nm）；

第5步：在显示屏上读取测试数据并记录。

3．传输特性分析仪

（1）仪表的功能

本任务以 AV5236 型 SDH/PDH 数字传输分析仪为例，说明其使用方法。

① 仪器前面板

AV5236 型 SDH/PDH 数字传输分析仪前面板由显示屏、硬功能键、软功能键、打印机和告警指示灯组成，如图 3-18 所示。

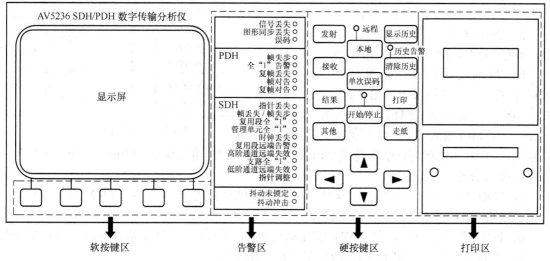

图 3-18 AV5236 仪器前面板图

a．显示屏：可以通过按硬功能键选择显示各种发送、接收、参数设置和各种测试结果。

b．硬按键：硬按键可分为菜单硬功能键和其他硬功能键，其具体功能如表 3-3 所示。

表 3-3　　　　　　　　　　　　　　AV5236 仪器硬按键菜单

序号	按　键	功　　能
1	发射	PDH/SDH 发射部分的菜单设置键
2	接收	PDH/SDH 接收部分的菜单设置键
3	结果	显示测量结果键
4	其他	用以设置自测试、日期、面板按键锁定、打印机、声告警等功能
5	本地	远程/本地操作选择键。远程时，"远程"指示灯亮
6	单次误码	单次误码插入键

序号	按　键	功　能
7	开始/停止	测量开始或停止键，开始时，指示灯亮
8	显示历史	按此键，在面板告警指示灯上显示曾经发生过的告警。当历史上曾发生过告警时，"历史告警"指示灯亮
9	清除历史	历史告警清除键。如曾发生过历史告警，按此键时，"历史告警"灯灭
10	打印	打印测试结果键
11	走纸	打印机走纸键
12	←↑↓→	方向键

c．软按键：每一软功能键的作用随菜单的变化而不同，每一软功能键的功能由当时仪表屏幕对应的功能所决定。

d．打印机：用打印显示或存储的结果信息。

e．告警指示灯：用于告警指示，每一告警指示灯的含义如图 3-19 所示。

② 仪器右侧的插件

AV5236 型 SDH/PDH 数字传输分析仪右侧的插件结构如图 3-20 所示。

a．CPU 插件：它是整机的控制、处理器。设有并行打印接口，可接佳能打印机。

b．抖动接收插件：测量 PDH 和 SDH 的抖动。插件面板上的 STM-1 输入口（BNC 插座）是 STM-1 电输入。STM-1、STM-4 输入（FC/PC 连接器）是

信号丢失 ○	SDH 指支失 ○
图形同步丢失 ○	帧丢失/帧失步 ○
误码 ○	复用段全"1" ○
	管理单元全"1" ○
PDH 帧失步 ○	时钟丢失 ○
全"1"告警 ○	复用段远端告警 ○
复帧丢失 ○	高阶通道远端失效 ○
帧对告 ○	支路全"1" ○
复帧对告 ○	低价通道远端失效 ○
抖动未锁定 ○	指针调整 ○
抖动冲击 ○	

图 3-19　告警指示灯

光输入。PDH 的抖动测量信号是通过母板从内部输入的。解调输出（BNC 插座）是解调出的抖动模拟信号，以备观察。

c．PDH 接收插件：提供非结构化帧结构和非帧结构的 2、8、34、140Mbit/s 误码、告警测量。设 75Ω 的 BNC 输入和 120Ω 的西门子平衡输入插座。

d．PDH 发送插件：产生 PDH 非结构化帧和非帧信号，对非帧有各种图形可提供选择。设 75Ω 的 BNC 输出和 120Ω 的西门子平衡输出插座。

e．抖动发送插件：产生 PDH 和 SDH 抖动。抖动输出是通过 PDH 发送、STM-1 和 STM-1/4 插件发送出去的。插件面板上只设 2Mbit/s 参考时钟输入和外调制输入插座。

f．STM-1 插件：用于 STM-1 信号的产生和测量。产生部分可将 PDH 2、34、140Mbit/s 信号映射复用为 STM-1 信号。可产生频偏，插入告警和误码，进行开销设置和 CMI 编码输出（电口）。测量部分对输入的 STM-1 电信号测量 BIP 误码、告警、开销比特误码，进行支路扫描和开销监视等。将 STM-1 信号解复用、去映射为 PDH 信号，供 PDH 接收插件测量净荷比特误码。

g．STM-1/4 插件：用于 STM-4 信号的产生和测量。产生部分将 STM-1 信号复用为 STM-4 信号，进行 BIP 误码和告警插入，开销设置等。由插件面板的两个 FC/PC 连接器输出，其中一个输出 1550nm，典型值为 -1dBm 的光信号，另一个输出 1310nm，典型值 -10dBm 的光信号。

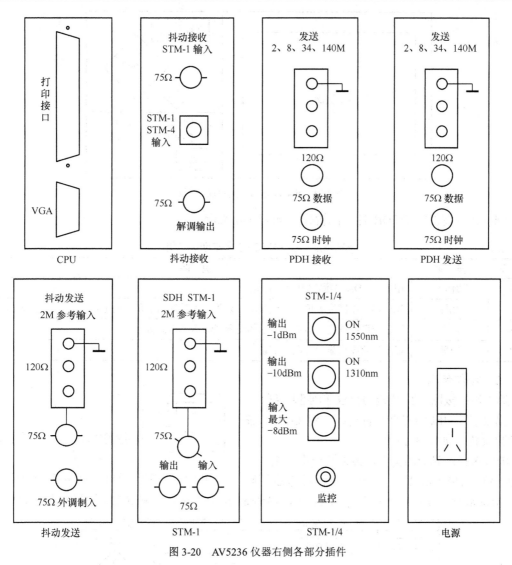

图 3-20　AV5236 仪器右侧各部分插件

h．电源板：提供整机电源。设为±5V、±12V 和+24V 输出，功率约 250W。

（2）仪表操作

第 1 步：按[发射]键，根据测试要求进行设置（具体设置请参考任务 4 和任务 5）。

第 2 步：按[接收]键，根据测试要求进行设置（具体设置请参考任务 4 和任务 5）。

第 3 步：在按以上设置好，并进行正确连接后，仪表所有告警灯应关（历史灯除外）。

第 4 步：按[开始/停止]键至绿灯亮，开始测量。

第 5 步：按[结果]键，然后进行观测。

第 6 步：按[开始/停止]键至绿灯灭，结束测试。

4．光时域反射仪（OTDR）

（1）仪表面板各部分的功能

本任务以 E6000 型高性能 OTDR 为例说明其使用方法，其面板图如图 3-21 所示。

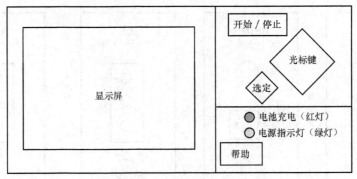

图 3-21　E6000 型高性能 OTDR 面板

E6000 型高性能 OTDR 各功能键作用如表 3-4 所示。

表 3-4　　　　　　　　　　　光时域反射仪（OTDR）各功能键作用

序　号	按　键	说　明
1	开始/停止	用于 OTDR 的测试开始与停止
2	光标	光标键可以围绕菜单定位或移动标识等。该键的四个角指向上、向下、向左和向右
3	选定	选定键可以选定当前突出显示的对象或激活弹出面板
4	帮助	显示当前突出显示对象的信息

（2）操作步骤

第 1 步：按图 3-22 连接 OTDR 和被测光纤。

第 2 步：开启 OTDR 的电源，对 OTDR 进行参数设置，如图 3-23 所示。

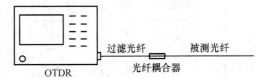

图 3-22　光纤或光缆的衰减常数和长度测量图

波长选择：光纤的特性与传输波长直接相关，同种光纤，1550nm 比 1310nm 光纤对弯曲更敏感，1550nm 比 1310nm 单位长度衰减更小，1310nm 比 1550nm 测得熔接或连接器损耗更高。

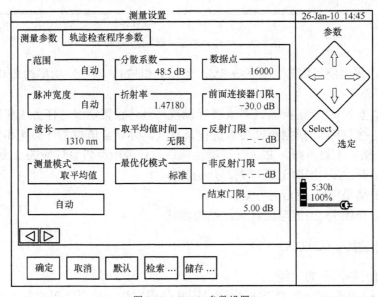

图 3-23　OTDR 参数设置

脉冲宽度：脉宽控制 OTDR 注入光纤的光功率，脉宽越长，动态测量范围越大，可用于测量更长距离的光纤，但长脉冲也将在 OTDR 曲线波形中产生更大的盲区；短脉冲注入光平低，但可减小盲区，脉宽周期通常以 ns 来表示。

折射率：现在使用的单模光纤的折射率基本在 1.4600～1.4800 范围内。对于 G．652 单模光纤，在实际测试时若用 1310 nm 波长，折射率一般选择在 1.4680；若用 1550 nm 波长，折射率一般选择在 1.4685。折射率选择不准，会影响测试长度。

测量范围：OTDR 测量范围是指 OTDR 获取数据取样的最大距离，此参数的选择决定了取样分辨率的大小。测量范围通常设置为待测光纤长度 1～2 倍距离之间。

第 3 步：按下运行键，输出指示灯亮、测试完毕指示灯灭，曲线稳定，如图 3-24 所示。

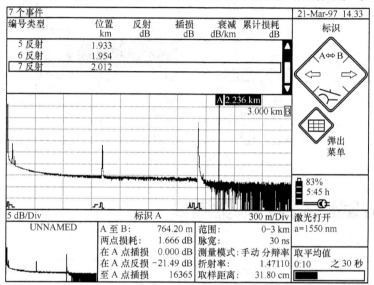

图 3-24　测试曲线

第 4 步：存储曲线（起文件名、确认、储存测试结果），如图 3-25 所示。

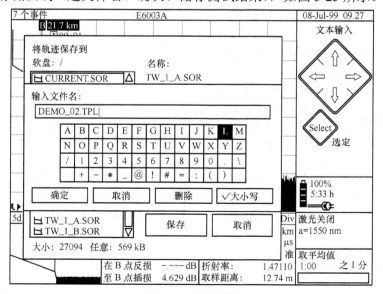

图 3-25　曲线存档

第 5 步：读取储存曲线，确定游标 AB，如图 3-26 所示，分析曲线。

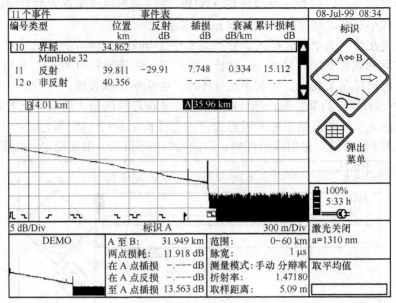

11个事件		事件表					08-Jul-99 08:34
编号类型		位置 km	反射 dB	插损 dB	衰减 dB/km	累计损耗 dB	标识
10	界标	34.862					
	ManHole 32						
11	反射	39.811	-29.91	7.748	0.334	15.112	
12 o	非反射	40.356	-.---	-.---	-.---	-.---	

B 4.01 km　　　　A 35.96 km

5 dB/Div　　　　　标识 A　　　　　300 m/Div

DEMO	A 至 B：	31.949 km	范围：	0~60 km
	两点损耗：	11.918 dB	脉宽：	1 μs
	在 A 点插损	-.--- dB	测量模式：手动 分辩率	
	在 A 点反损	-.--- dB	折射率：	1.47180
	至 A 点插损	13.563 dB	取样距离：	5.09 m

激光关闭　a=1310 nm

取平均值

图 3-26　曲线分析

任务二　光端机光接口参数测量

【任务书】

任务名称	光端机光接口参数测量		所需学时	4
任务目标	能力目标 （1）能测量光发送机的平均发送光功率和消光比； （2）能测量光接收机过载光功率、灵敏度和动态范围。			
	知识目标 （1）掌握光发送机平均发送光功率的含义和测量； （2）掌握光发送机消光比的含义和测量； （3）掌握光接收机过载光功率含义和测量； （4）掌握光接收机灵敏度含义和测量； （5）掌握光接收机动态范围含义和测量。			
任务描述	本任务主要介绍光端机的光接口参数指标测量。通过对光端机光接口主要参数指标的含义和测量方法的学习，培养读者使用仪表测量光端机光接口的主要参数指标的能力，为以后从事光通信工作打下良好基础。			
任务实施	（1）根据光通信机房的具体情况，按照测量配置图连接测量设备和仪表； （2）按照测量操作步骤进行测试，并记录测量数据，多次测量求平均值； （3）根据 ITU-T 制定的标准参数标准，判断实测数据的准确性。			

【知识链接】

1. 光端机的接口

在光纤通信系统中，光端机与光纤之间的连接点称为光接口；光端机与电端机之间的连接点称为电接口，如图 3-27 所示。光中继器两端均与光纤连接，所以它两端的接口均为光接口。光接口有两个：一个称为"S"点，光端机由此向光纤发送光信号；另一个称为"R"点，光端机由此接收从光纤传来的光信号。电接口也有两个：一个为"A"点，数字复用设备输出的 PCM 信号由此传给光端机；另一个为"B"点，光端机由此向数字设备输出接收到的 PCM 信号。因此，光端机的测试指标也分为两大类：一类是光接口指标，另一类是电接口指标。

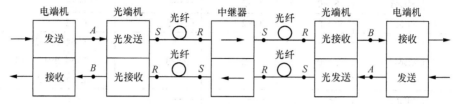

图 3-27 光纤通信系统方框图

光接口的指标测量主要有光发送机参数（S 点参数）测量和光接收机参数（R 点参数）测量两类，其中光发送机的主要参数指标主要有平均发送光功率和消光比两类；光接收机的主要参数指标主要有过载光功率、灵敏度和动态范围三类。电接口的指标测量主要有输入口参数（A 点参数）测量和输出口参数（B 点参数）测量两类，其中输入口的指标主要有频偏、衰减、抗干扰能力等；输出口的指标主要有信号比特率（AIS）、信号波形参数、信号眼图和功率等。本任务主要介绍光发送机参数（S 点参数）测量和光接收机参数（R 点参数）测量。

2. 光发送机参数（S 点参数）测量

光发射机的主要测量指标有平均发送光功率和消光比两个。

（1）平均发送光功率

① 指标含义

平均发送光功率定义为参考点 S 的平均发送光功率，为发送机耦合近光纤的伪随机数据序列的平均功率值。发送机的发射光功率和所发送的数据信号中"1"占的比例有关，"1"越多，光功率也就越大。当发送伪随机信号时，"1"和"0"大致各占一半，这时测试得到的功率就是平均发送光功率。

平均光功率的指标与实际的光纤线路有关，在长距离的光纤通信数字系统中，要求有较大的平均发送光功率，而在短距离的光纤通信系统中，则要求有较小的平均发送光功率。

② 指标参数

根据 ITU-T 制定的平均发送光功率参数如表 3-5 所示。

表 3-5　　　　　　　　　　　　　平均发送光功率参数

光级别		STM-1	STM-4	STM-16	STM-64
光接口分类	光源类型	平均发送光功率（dBm）			
I-	LED	$-15\sim-8$	$-15\sim-8$	——	——
	MLM	$-15\sim-8$	$-15\sim-8$	$-10\sim-3$	$-6\sim-1$
	SLM	——	——	——	1290～1360nm:$-6\sim-1$ 1530～1565 nm:$-5\sim-1$
S.1	MLM	$-15\sim-8$	$-15\sim-8$	——	——
	SLM	——	——	$-5\sim0$	$1\sim5$

续表

光级别		STM-1	STM-4	STM-16	STM-64
光接口分类	光源类型	平均发送光功率（dBm）			
S.2	MLM	−15～−8	——	——	——
	SLM	−15～−8	−15～−8	−5～0	−5～1
L.1	MLM	−5～0	−3～2	——	——
	SLM	−5～0	−3～2	−2～3	4～7
L.2	SLM	−5～0	−3～2	−2～3	L-64.2a: −2～2 L-64.2b: 10～13 L-64.2c: −2～2
L.3	MLM	−5～0	——	——	——
	SLM	−5～0	−3～2	−2～3	10～13
V.2	SLM		0～4	10～13	V-64.2a: 10～13 V-64.2b: 12～15

表 3-5 中光接口分类说明：字母表示光接口应用类型；字母后第一位数字表示 STM 的等级；字母后第二位数字表示工作窗口和所用光纤类型，各字母和数字符号含义如表 3-6 所示。

例如，某光板接口的代码为 L-64.2。该光板接口的代码意思为：长距离局间通信的 STM-64，使用 G.652 光纤，工作窗口为 1550nm。

表 3-6　　　　　　　　　　　　　　应用类型符号含义

	符　号	含　　义
字　　母	I	表示局内通信
	S	表示短距离局间通信
	L	表示长距离局间通信
	V	表示很长距离局间通信
	U	表示超长距离局间通信
	r	表示同类型缩短距离应用；
第一位数字	1	表示 STM-1，速率 155.52Mbit/s，简称 155M
	4	表示 STM-4，速率 622.08Mbit/s，简称 622M
	16	表示 STM-16，速率 2488.32Mbit/s，简称 2.5G
	64	表示 STM-64，速率 9953.28Mbit/s，简称 10G
第二位数字	1 或空白	表示工作波长为 1310nm，所用光纤为 G.652 光纤
	2	表示工作波长为 1550nm，所用光纤为 G.652 光纤
	3	表示工作波长为 1550nm，所用光纤为 G.653 光纤
	5	表示工作波长为 1550nm，所用光纤为 G.655 光纤

表中光源类型说明：SLM 为单纵模激光器，MLM 为多纵模激光器，LED 为半导体发光二极管。

（2）消光比（*EXT*）

① 指标含义

消光比是光端机发送部分的质量指标之一，定义为信号全"0"时的平均发光功率与信号全"1"时的平均光功率比值的最小值，通常用 *EXT* 表示：$EXT = \dfrac{P_{00}}{P_{11}}$

用对数表示：$EXT = 10\lg(\dfrac{P_{11}}{P_{00}})$（dB）

其中，P_{00} 是光端机输入信号脉冲为全"0"码时输出的平均光功率，P_{11} 为光端机输入信号脉冲为全"1"码时输出的平均光功率。

从 LD 的 *P-I* 曲线知道，当输入信号为"0"时，输出并不为 0，因为在一个偏置电流 I_b 的作用下，输出为荧光。我们希望 I_b 越小越好，这样就可以提高消光比及接收机的灵敏度。但另一方面，I_b 减小，会使光源输出功率降低，谱线宽度增加，并产生对光源特性的其他不利影响。因此要全面考虑 I_b 影响，一般要求 EXT<0.1。

② 指标参数

ITU-T 制定的消光比参数如表 3-7 所示。

表 3-7　　　　　　　　　　　　　　　消光比参数

光　级　别		STM-1	STM-4	STM-16	STM-64
光接口分类	光　源　类　型	消光比（dB）			
I-	LED	8.2	8.2	——	——
	MLM	8.2	8.2	8.2	6/8.2
	SLM	——	——	——	6/8.2
S.1	MLM	8.2	8.2		
	SLM	——	——	8.2	6
S.2	MLM	8.2	——		
	SLM	8.2	8.2	8.2	8.2
L.1	MLM	10	10		
	SLM	10	10	8.2	6
L.2	SLM	10	10	8.2	10/8.2
L.3	MLM	10	——		
	SLM	10	10	8.2	8.2
V.2	SLM	——	10	8.2	10/8.2

3. 光接收机参数（*R* 点参数）测量

光接收机的主要测量指标有灵敏度、过载光功率和动态范围三个。

（1）光接收机灵敏度

① 指标含义

光接收机的灵敏度是指在系统满足给定误码率指标（BER＝1×10^{-10}）的条件下，光接收机所需的最小平均接收光功率，用 P_{min}（mW）表示，工程中常用毫瓦分贝（dBm）来表示，即：$P_R = 10\lg\dfrac{P_{min}}{1\text{mW}}$(dBm)。

灵敏度是光端机的重要性能指标，它表示了光端机接收微弱信号的能力，从而决定了系统的中继段距离，是光纤通信系统设计的重要依据。

② 指标参数

ITU-T 制定的灵敏度参数如表 3-8 所示。

表 3-8　　　　　　　　　　　　　　　　　　灵敏度参数

光级别		STM-1	STM-4	STM-16	STM-64
光接口分类	光源类型	接收机灵敏度（dBm）			
I-	LED	−23	−23	——	——
	MLM	−23	−23	−18	−11
	SLM	——	——	——	−11
S.1	MLM	−28	−28	——	——
	SLM	——	——	−18	−11
S.2	MLM	−28	——	——	——
	SLM	−28	−28	−18	S-64.2a: −18 S-64.2b: −14
L.1	MLM	−34	−28	——	——
	SLM	−34	−28	−27	−19
L.2	SLM	−34	−28	−27	L-64.2a: −26 L-64.2b: −14 L-64.2c: −26
L.3	MLM	−34	——	——	——
	SLM	−34	−28	−27	−13
V.2	SLM	——	−34	−25	V-64.2a: −25 V-64.2b: −23

（2）光接收机过载光功率

① 指标含义

光接收机的过载光功率是指在系统满足给定误码率指标的条件（BER＝1×10^{-10}）下，光接收机所需的最大平均接收光功率 $P_{\max}$（mW）。工程中常用毫瓦分贝（dBm）来表示，即 $P_R' = 10\lg\dfrac{P_{\max}}{1\text{mW}}$（dBm）。

② 指标参数

ITU-T 制定的过载光功率参数如表 3-9 所示。

表 3-9　　　　　　　　　　　　　　　　　　过载光功率参数

光　级　别		STM-1	STM-4	STM-16	STM-64
光接口分类	光源类型	接收机过载光功率（dBm）			
I-	LED	−8	−8	——	——
	MLM	−8	−8	−3	−1
	SLM	——	——	——	I-64.1: −1 I-64.2r: −1
S.1	MLM	−8	−8	——	——
	SLM	——	——	0	−1
S.2	MLM	−8	——	——	——
	SLM	−8	−8	0	S-64.2a: −8 S-64.2b: −1

光　级　别		STM-1	STM-4	STM-16	STM-64
光接口分类	光源类型	接收机过载光功率（dBm）			
L.1	MLM	−10	−8	——	——
	SLM	−10	−8	−9	−10
L.2	SLM	−10	−8	−9	L-64.2a：−9 L-64.2b：−3 L-64.2c：−9
L.3	MLM	−10	——	——	——
	SLM	−10	−8	−9	−3
V.2	SLM	——	−18	−9	V-64.2a：−9 V-64.2b：−7

（3）光接收机动态范围

① 指标含义

光接收机的动态范围是指在保证系统误码率指标的条件（BER$=1\times10^{-10}$）下，接收机的最低输入光功率和最大允许输入光功率之差（dB）。

即：

$$D=|P'_{R}-P_{R}|=10\lg\frac{P_{\max}}{10^{-3}}-10\lg\frac{P_{\min}}{10^{-3}}=10\lg\frac{P_{\max}}{P_{\min}}\text{（dB）}$$

接收机接收到的信号功率过小，会产生误码，但是如果接收的光信号过大，又会使接收机内部器件过载，同样产生误码。所以为了保证系统的误码特性，需要保证输入信号在一定的范围内变化，光接收机这种适应输入信号在一定范围内变化的能力，称为光接收机的动态范围。

② 指标参数

ITU-T 制定的动态范围参数如表 3-10 所示。

表 3-10　　　　　　　　　　　　　　动态范围参数

光　级　别		STM-1	STM-4	STM-16	STM-64
光接口分类	光源类型	接收机灵敏度（dBm）			
I-	LED	−23～−8	−23～−8	——	——
	MLM	−23～−8	−23～−8	−18～−3	−11～−1
	SLM	——	——	——	−11～−1
S.1	MLM	−28～−8	−28～−8	——	——
	SLM	——	——	−18～0	−11～−1
S.2	MLM	−28～−8	——	——	——
	SLM	−28～−8	−28～−8	−18～0	S-64.2a：−18～−8 S-64.2b：−14～−1
L.1	MLM	−34～−10	−28～−8	——	——
	SLM	−34～−10	−28～−8	−27～−9	−19～−10
L.2	SLM	−34～−10	−28～−8	−27～−9	L-64.2a：−26～−9 L-64.2b：−14～−3 L-64.2c：−26～−9
L.3	MLM	−34～−10	——	——	——
	SLM	−34～−10	−28～−8	−27～−9	−13～−3
V.2	SLM	——	−34～−18	−25～−9	V-64.2a：−25～−9 V-64.2b：−23～−7

【任务实施】

1. 光发送机参数（S点参数）测量

（1）平均发送光功率测量

平均发送光功率的测试如图3-28所示。测试时要注意，各种指标的测试都要送入测试信号，各测试信号由信号源产生。

测量步骤如下。

第1步：从发送机引出光纤，通过活动连接器连接到光功率计上，如图3-28所示；

第2步：信号源发送符合要求的伪随机序列测试信号；

第3步：设置光功率计的测量波长（一般波长为1310nm 或 1550nm）和测量单位（一般单位为dBm），待输出光功率稳定，读出平均发送光功率并记录数据。

第4步：将实测数据和表3-5中的标准参数进行比较，确认该参数是否在合理范围之内，如测量参数偏差过大请重新测量。

注意事项如下。

① 要保证光纤连接头清洁，连接良好；

② 不要采用太长的光纤，以免光衰减太大影响测量的准确性。

（2）消光比（EXT）测量

当光源是 LED 时，一般不考虑消光比，因为它不加偏置电流，所以无输入信号时输出也为零；当光源是LD 时，消光比测试图如图3-29所示，输入全"0"码即断掉输入信号（一般将编码盘拔出）时测得的光功率为 P_{00}。输入光端机的信号一般是伪随机码，它的"0"码和"1"码的出现概率是相等的，因此测试的伪随机序列信号的光功率 P_T 是全"1"码时的光功率的一半，即 $P_{11}=2P_T$。

测量步骤如下。

第1步：从发送机引出光纤，接到光功率计上，如图3-29所示。

图3-28 平均发送光功率测试图   图3-29 消光比测试图

第2步：将光端机的输入信号断掉时，测出的光功率为 P_{00}，即对应的输入数字信号为全"0"时的光功率。

第3步：将信号源送入长度为 2^N-1 的伪随码，N 的选择与平均发送光功率测试相同，此时测出的光功率为 P，全"1"码时的光功率应是伪随机码时平均光功率 P 的两倍，即 $P_{11}=2P$。因此，消光比可表示为：$EXT = \dfrac{P_{00}}{P_{11}} = \dfrac{P_{00}}{2P}$；

消光比还可以表示为：
$$EXT = 10\lg\left(\frac{P_{11}}{P_{00}}\right) = 10\lg\left(\frac{2P}{P_{00}}\right)$$
$$= 10\lg\left(\frac{P}{1\text{mW}}\right) + 10\lg\left(\frac{2}{1\text{mW}}\right) - 10\lg\left(\frac{P_{00}}{1\text{mW}}\right)$$
$$= P + 3 - P_{00} \quad (\text{dBm})$$

因此，只需要测出平均光功率 P 和全"0"时的平均光功率 P_{00}，即可计算出消光比（dB）。

第4步：将实测数据和表3-7中的标准参数进行比较，确认该参数是否在合理范围之内。

2. 光接收机参数（R 点参数）测量

（1）光接收机灵敏度测量

在测试光接收机灵敏度时，首先要确定系统所要求的误码率指标。对不同长度和不同应用的光纤数字通信系统，其误码率指标是不一样的。不同的误码率指标，要求的接收机灵敏度也不同。要求的误码率越小，灵敏度就越低，即要求接收的光功率就越大。此外，灵敏度还和系统的码速、接收端光电检测器的类型有关。光接收机灵敏度的测试框图如图3-30所示。

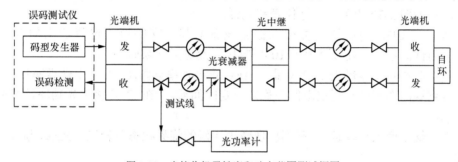

图 3-30 光接收机灵敏度和动态范围测试框图

测量步骤如下。

第1步：如图3-30所示，接好仪表和光纤；

第2步：将 SDH 测试仪收发接入被测设备的某一支路口，选择适当的伪随机序列（PRBS）送测试信号，将衰减器置于10dB刻度，此时应无误码；

第3步：逐渐增加可变光衰减器的衰减量，直到测试仪出现误码，但不大于规定的 BER，通常规定 $BER = 1 \times 10^{-10}$；

第4步：断开 R 点，接上光功率计，得到光功率，此时就是接收机的灵敏度。

第5步：将实测数据和表3-8中的标准参数进行比较，确认该参数是否在合理范围之内。

注意事项如下。

① 测试中可以用SDH分析仪代替无码测试仪，向设备发送伪随机码；

② 可变光衰减器的表面读数不一定准确，需用光功率计在 R 点测量出来。

（2）光接收机过载光功率测量

在测试光接收机灵敏度时，首先要确定系统所要求的误码率指标。对不同长度和不同应用的光纤数字通信系统，其误码率指标是不一样的。不同的误码率指标，要求的接收机灵敏度也不同。要求的误码率越小，灵敏度就越低，即要求接收的光功率就越大。此外，灵敏度还和系统的码速、接收端光电检测器的类型有关。接收机灵敏度的测试框图如图 3-31 所示。

测量步骤如下。

第 1 步：如图 3-31 所示，接好仪表和光纤；

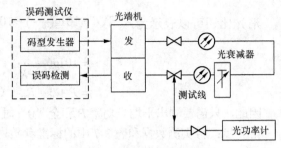

图 3-31 过载光功率测量图

第 2 步：将 SDH 测试仪收发接入被测设备的某一支路口，选择适当的伪随机序列（PRBS）送测试信号，将衰减器置于 10dB 刻度，此时应无误码；

第 3 步：逐渐减少可变光衰减器的衰减量，直到测试仪出现误码，但不大于规定的平均误码率 BER 值，通常规定 $BER=1 \times 10^{-10}$；

第 4 步：断开 R 点，接上光功率计，得到光功率，此时就是接收机的过载功率。

第 5 步：将实测数据和表 3-9 中的标准参数进行比较，确认该参数是否在合理范围之内。

（3）光接收机动态范围测量

光接收机动态范围的测试框图和灵敏度的测试框图相同如图 3-30 所示，测量步骤如下。

第 1 步：如图 3-30 所示，接好仪表和光纤；

第 2 步：将 SDH 测试仪收发接入被测设备的某一支路口，选择适当的伪随机序列（PRBS）送测试信号，将衰减器置于 10dB 刻度，此时应无误码；

第 3 步：减小可变衰减器的衰减量，使接收光功率逐渐增大，出现误码后，增加光衰减量，直到误码率刚好回到规定值并稳定一定时间后，在 R 点接上光功率计读取的功率值即为 P_{max}。

第 4 步：继续增大衰减量，直到出现较大误码的临界状态并稳定一定时间后，测得的光功率为 P_{max}。

第 5 步：根据公式计算可得动态范围 D。需要注意的是，动态范围的测试也要考虑测试时间的长短，只有在较长时间内系统处于误码要求指标以内的条件下测得的功率值才是正确的。

第 6 步：将实测数据和表 3-10 中的标准参数进行比较，确认该参数是否在合理范围之内。

任务三　光端机电接口参数测量

【任务书】

任务名称	光端机电接口参数测量		所需学时	2
任务目标	能力目标 （1）能测量输入口允许衰减、干扰能力； （2）能测量输出口脉冲波形、比特率及容差。			
	知识目标 （1）掌握输入口允许衰减的含义和测量方法； （2）掌握输入口允许抗干扰能力的含义和测量方法； （3）掌握输出口脉冲波形的含义和测量方法； （4）掌握输出口比特率及容差的含义和测量方法。			

续表

任务名称	光端机电接口参数测量	所需学时	2
任务描述	本任务主要介绍光端机的电接口参数指标测量。通过对光端机电接口主要参数指标的含义和测量方法的学习，培养读者的使用仪表测量光端机电接口主要参数指标能力，为以后从事光通信工作打下良好基础。		
任务实施	（1）根据光通信机房的具体情况，按照测量配置图连接测量设备和仪表； （2）按照测量操作步骤进行测试，并记录测量数据，多次测量求平均值； （3）根据 ITU-T 制定的标准参数标准，判断实测数据的准确性。		

【知识链接】

本任务主要介绍电接口的指标测量。如图 3-32 所示，通常 A 点称为输入口，B 点称为输出口。通常在输入口（A 点）测试的指标有输入口允许衰减和抗干扰能力、输入抖动容限等；在输出口（B 点）测试的指标有输出口脉冲波形、无输入抖动的输出抖动容限等。

一、输入口指标

1. 输入口允许衰减

（1）指标含义

一般情况下，信号由电端机送到光端机时，需要经过一段电缆，电缆对电信号具有一定的衰减，这就要求光端机能容许输入口信号有一定的衰减和畸变，而系统此时不会发生误码。这种光端机输入口能承受的传输衰减，叫做允许的连线衰减。

（2）指标参数

根据 ITU-T 制定标准，在不同码速下输入口允许衰减的测试指标要求如表 3-11 所示。

表 3-11 输入口允许衰减指标参数

接口速率等级	测试频率	衰减范围
2048 kbit/s	2048 kHz	0～6dB
2048 kbit/s	1024kHz	0～6dB
34 368 kbit/s	17 184 kHz	0～12dB
139 264 kbit/s	70 MHz	0～12dB
155 520 kbit/s	78 MHz	0～12.7dB

2. 输入口抗干扰能力

（1）指标含义

对光端机而言，由于数字配线架和上游设备输出口阻抗的不均匀性，会在接口处产生信号反射，反射信号对有用信号是个干扰。通常把光端机在接收被干扰的有用信号后仍不会产生码的这种能力称为抗干扰能力。因此，常用有用信号功率和干扰信号功率之比表示抗干扰能力的大小。

（2）指标参数

根据 ITU-T 制定标准，在不同码速下输入口抗干扰能力的测试指标要求如表 3-12

所示。

表 3-12 输入口抗干扰能力指标参数

接口速率等级	衰减范围	信噪比	干扰信号源
2048 kbit/s	0～6dB	18	$2^{15}-1$
34 368 kbit/s	0～12dB	20	$2^{15}-1$
139 264 kbit/s	0～12dB	20	$2^{23}-1$
155 520 kbit/s	0～12.7dB	20	$2^{23}-1$

【注】2048 kbit/s 具体要求：在一个有用信号上叠加一个干扰信号构成组合测试信号，经过 0～6dB 互联电缆加到输入口，当信号干扰比为 18dB 时，应当不产生误码。

二、输出口指标

1．输出口脉冲波形

为了使各厂家生产的不同型号的设备能彼此相连，就要求这些设备的接口波形必须符合 ITUT 提出的要求。光端机输出口的脉冲波形应符合 ITU-T 的 G.703 建议中给定的波形样板，建议的脉冲波形样板如图 3-32（a）、（b）、（c）、（d）、（e）所示，不同比特率的数字输出口的指标要求如表 3-13 所示。

接口码速不同，对脉冲波形的要求不同，每种波形的脉冲宽度与幅度、上升时间、下降时间、过冲过程都有严格规定。只要设备接口波形在样板斜线范围内，则同一码速的不同型号的设备就能互连。

表 3-13 不同比特率的光端输出口的指标要求

比 特 率	2048 kbit/s	8448 kbit/s	34368 kbit/s	139264kbit/s
脉冲形状（标称脉冲形状为矩形）	无论正负，有效信号的所有传号应满足如图 3-32（a）所示的模板其中 V 表示标称峰值	无论正负，有效信号的所有传号应满足如图 3-32（b）所示的模板	无论正负，有效信号的所有传号应满足如图 3-32（c）所示的模板	标称波形为矩形，应满足 3-32（d）和（e）所示的模型
每个传输方向的线对	一条对称线	一条同轴线	一条同轴线	一条同轴线
测试负载阻抗	120Ω 电阻抗	75Ω 电阻抗	75Ω 电阻抗	75Ω 电阻抗
传号（脉冲）的标称峰值电压	3V	2.37V	1.0V	峰-峰电压 1±0.1V
空号（无脉冲）的峰值电压	0±0.3V	0±0.237V	0±0.1V	a．负向转换±0.1ns； b．在单位间隔边界正向转换±0.1nsc； 在单位间隔中点正向转换±0.1ns
标称脉冲宽度	244ns	59ns	14.55ns	
脉冲宽度中点，正负脉冲幅度比	0.95～1.05	0.95～1.05	0.95～1.05	
脉冲半幅值处，正负脉冲宽度比	0.95～1.05	0.95～1.05	0.95～1.05	

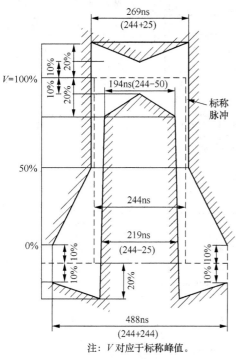

注：V 对应于标称峰值。

（a）2048kbit/s 接口脉冲样板图

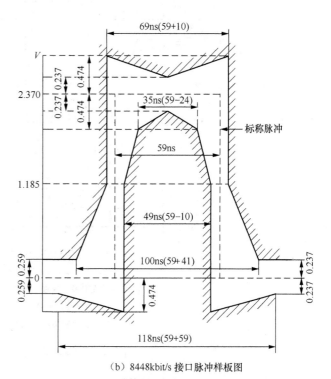

（b）8448kbit/s 接口脉冲样板图

（c）34368kbit/s 接口脉冲样板图

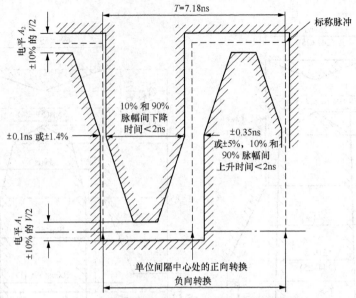

注1：V是标称峰—峰幅度；注2：样板不包括过冲容差。

（对应于二进制"0"的脉冲样板）

（d）139264bit/s 接口脉冲样板图

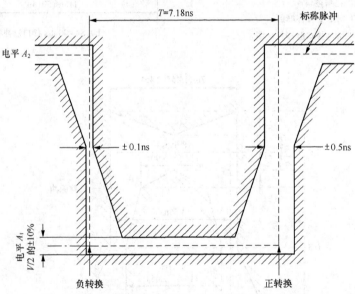

注1：倒置的脉冲将具有同样的特性；注2：V是标称峰—峰幅度；
注3：样板不包括过冲容差。

（对应于二进制"1"的脉冲样板）

（e）139264kbit/s 接口脉冲样板图

图 3-32 不同比特率的接口脉冲样板图

2. 输出口信号（AIS）比特率及容差

（1）指标含义

输出口信号比特率就是每秒传送的比特数。在 ITU-T 的建议中，对各种系统的码速或时钟频率给出了一定的容差，当输入信号的码速或时钟频率在该范围内变化时，系统能正常工作，不产生误码。

（2）指标参数

如表 3-14 所示，容许偏差用 ppm 表示，含义是百万分之一的意思。ppm 值越大，并不表示容许的码速偏移越大，实际容许的码速偏移的大小要由计算结果来确定。码速越高，容许的 ppm 值应越小。

表 3-14　　　　　　　　　　　容许偏差范围

标称值（kbit/s）	容差	序列长度	接口码型
2 048	±50ppm（±102.4 bit/s）	$2^{15}-1$	HDB$_3$
8 448	±30ppm（±253.4 bit/s）	$2^{15}-1$	HDB$_3$
34 368	±50ppm（±687.4 bit/s）	$2^{23}-1$	HDB$_3$
139 264	±15ppm（±2 089 bit/s）	$2^{23}-1$	CMI

例如，某 2048 kbit/s 的码速，容许偏差为 ±50 ppm，实际的码速偏移为：±（2048×10^3×50×10^{-6}）=±102 bit/s。

【任务实施】

一、输入口指标

1．输入口允许衰减

输入口允许衰减测试框图如图 3-33 所示。

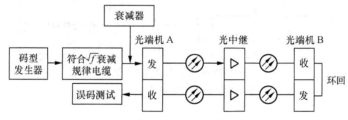

图 3-33　输入口允许衰减测试框图

测试步骤如下。

第 1 步：按照图 3-33 连接线路，输入口的连接电缆对信号的衰减符合 $\sqrt{f}$ 衰减规律，可变光衰减器代表长距离光纤；

第 2 步：码型发生器输入相应的测试信号，经过衰减送入光端机，使连接电缆的损耗在表 3-11 要求的范围内变化，以误码检测器检测不到误码时的衰减值为测试结果。

2．输入口抗干扰能力

输入口抗干扰能力测试框图如图 3-34 所示。

测试步骤如下。

第 1 步：测试框图如图 3-34 所示。测试时干扰信号和有用信号经过混合网络合并在一起，光端机输入口符合 $\sqrt{f}$ 衰减规律，连接电缆的衰减范围按照表 3-11 选取。光衰减器代表长距离传输的光纤。

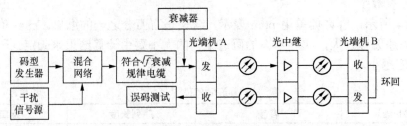

图 3-34　输入口抗干扰能力测试框图

第 2 步：码型发生器发出规定的测试信号作为有用信号，干扰信号源发出干扰信号，将干扰信号和有用信号经过混合网络合并在一起输出。

第 3 步：调节干扰支路的衰减器，使信号功率与干扰信号功率的比值按表 3-12 取值，以误码检测器检测不到误码时的测试功率为准。

二、输出口指标

1．输出口脉冲波形

输出口脉冲波形测试框图如图 3-35 所示。示波器一般采用高频宽带示波器，具体要求如表 3-4 所示。

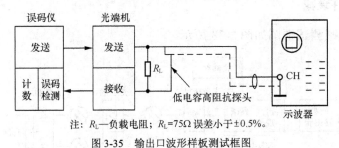

注：R_L—负载电阻；R_L=75Ω 误差小于±0.5%。

图 3-35　输出口波形样板测试框图

测试步骤如下。

第 1 步：按图 3-35 接好电路，码型发送器发送规定比特率、码型和长度的伪随机测试信号；

第 2 步：将测试负载阻抗（75 Ω或 120Ω）或者 75/50 阻抗变换衰减器的 75 侧接到被测光端机的输出口上；

第 3 步：校准零基线，方法是将示波器输入端短路（即不给示波器送信号），将水平扫描线调到屏幕的适当位置（样板的标称 0V 线）处；

第 4 步：再将被测信号送入示波器，从屏幕上读出参数，各参数应满足表 3-13 内的相应指标要求。

2．输出口信号（AIS）比特率及容差

输入口码速容许偏差的测试框图如图 3-36 所示。测试时，调高或调低码型发生器的比

特率，直到在误码仪上出现误码，然后回调，读出使得刚好不出现误码的临界比特率，则码型发生器上的最高或最低码速之差即为正、负方向的最大容差。

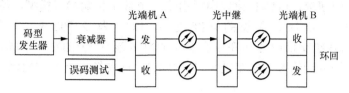

图 3-36　输出口信号（AIS）比特率及容差的测试框图

测试步骤如下。

第 1 步：按照图 3-36 连接线路；

第 2 步：设置码型发生器发出规定标称比特率的测试信号；

第 3 步：慢慢调高码型发生器的比特率，直到在误码仪上出现误码，此时测出的比特率为 $b1$；

第 4 步：慢慢调低码型发生器的比特率，直到在误码仪上出现误码，此时测出的比特率为 $b2$；

第 5 步：$b1$ 和 $b2$ 之差即为最大比特率容差，测试指标应满足表 3-14 内要求。

任务四　光纤通信系统误码测量

【任务书】

任务名称	光纤通信系统误码测量		所需学时	2
任务目标	能力目标 能测量光纤通信系统的误码。			
	知识目标 掌握光纤通信系统误码指标的含义、度量、规范和测量。			
任务描述	本任务主要介绍光纤通信系统的误码指标测量。通过对光纤通信系统误码参数指标的含义、度量、规范和测量方法的学习，培养读者使用仪表测量光纤通信系统误码参数指标的能力，为以后从事光通信工作打下良好基础。			
任务实施	（1）根据光通信机房的具体情况，按照测量配置图连接测量设备和仪表； （2）按照测量操作步骤进行测试，并记录测量数据，多次测量求平均值； （3）根据 ITU-T 制定的标准参数标准，判断实测数据的准确性。			

【知识链接】

1. 系统参考模型

由于数字信号在传输过程中会受到各种损害，因此，在进行传输系统设计时，需要规定各部分设备性能，以保证把它们构成一个完整的传输系统时，能满足总的传输性能要求。为此，需要确定一个合适的传输模型，以便对数字网的主要传输损伤的来源进行研究，确定系统全程性能指标，并根据传输模型对这些指标进行合理分配，从而为系统传输设计提供依据。

ITU-T 提出了各种数字传输模型的建议。模型分为：假设参考连接（HRX）、假设参考数字链路（HRDL）和假设参考数字段（HRDS）。

（1）假设参考连接（HRX）

为进行系统性能研究，ITU-T 建议中提出了一个数字传输参考模型，称为假设参考连接（HRX），如图 3-37 所示。最长的标准数字 HRX 为 27500 km（地球的赤道周长40075704m），它由各级交换中心和许多假设参考数字链路（HRDL）组成。标准数字 HRX 的总性能指标按比例分配给参考数字链路（HRDL），使系统设计大大简化。

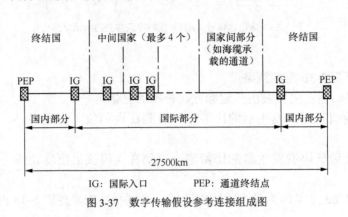

图 3-37　数字传输假设参考连接组成图

（2）假设参考数字链路（HRDL）

为了便于进行数字信号传输劣化的研究（如误码率、抖动、漂移等），保证全程通信质量，必须规定由各种不同形式的传输组成部分（如传输系统、复接和分接设备等）所构成的网络模型，即 HRDL。

HRDL 是 HRX 的一个组成部分，2500 km 的长度被认为是一个合适的距离。通常HRDL 的长度并非是唯一考虑的。ITU-T 并没有提出具体的构成，由各国自行研究解决。

（3）假设参考数字段（HRDS）

为适应传输系统性能规范，保证全线质量和管理维护方便引入了 HRDS。HRDS 是HRDL 的一个组成部分。

ITU-T 建议假设参考数字段的长度为 280km（对于长途传输）和 50km（对于市话中继）。我国根据具体情况提出假设参考数字段的长度为 280km（对于长途一级干线）或420km（对于长途二级干线）和 50km（对于市话中继）。

2．误码的含义及度量

误码是指在数字通信系统的接收端，通过判决电路后产生的比特流中，某些比特发生了差错，对传输质量产生了影响。误码是衡量系统优劣的一个非常重要的指标，它反映了数字信息在传输过程中受到损伤的程度，通常用平均误码率（BER）、劣化分（DM）、严重误码秒（SES）和误码秒（ES）衡量其好坏。

误码产生的因素：各种噪声产生的误码；色散引起的码间干扰；定位抖动产生的误码；复用器、交叉连接设备和交换机等设备本身引起的误码；各种外界因素产生的误码。

（1）平均误码率（BER）

传统上常用平均误码率 BER 来衡量光纤通信系统的误码性能，即在某一规定的观测时

间内（如 24 小时）发生差错的比特数和传输比特总数之比。可以表示为

$$BER = \frac{接收误码个数}{传输的总码元数}$$

但平均误码率是一个长期效应，它只给出一个平均累积结果。而实际上误码的出现往往呈突发性质，且具有极大的随机性。因此除了平均误码率之外还有误码秒（ES）、严重误码秒（SES）和劣化分（DM）三种误码性能参数来弥补。

（2）G.821 规定的 64k bit/s 数字连接的误码性能参数

G.821 是度量 64kbit/s 的通道在 27500km 全程端到端连接的数字参考电路的误码性能，是以比特的错误情况为基础的。

① 误码秒（ES）和误码秒比（ESR）

在某 1s 时间内出现 1 个或更多差错比特，称为一个误码秒。在 1 个固定测试时间间隔上的可用时间内，ES 与总秒数之比，称为误码秒比。

② 严重误码秒（SES）和严重误码比（SESR）

在某 1s 时间内误码率大于等于 10^{-3}，称为严重误码秒。在 1 个固定测试时间间隔上的可用时间内，SES 与总秒数之比，称为严重误码比。

无论是 ES 还是 SES，皆针对系统的可用时间。CCITT 规定，不可用时间是在出现 10 个连续 SES 事件的开始时刻算起的；而连续出现 10 个非 SES 事件时算作不可用时间的结束，此刻算作可用时间的开始（包括这10s 时间）。

此外，无论是 BER 还是 ES 与 SES，都是针对假设参考数字段（HRDS）而言的。即两个相邻数字配线架之间的全部装置构成一个数字段，而具有一定长度和指标规范的数字段叫做假设参考数字段。我国规定有三种 HRDS，即长度分别为 50km、280km 和 420km。

（3）G.826 规定的高速比特率通道误码性能参数，以"块"为基础。

高速比特率通道的误码性能是以块为单位进行度量，由此产生出一组以"块"为基础的一组参数。这些参数的含义如下。

① 误码块（EB）。

当块中的比特发生传输差错时称此块为误码块。

② 误块秒（ES）和误块秒比（ESR）

当某一秒中发现 1 个或多个误码块时称该秒为误块秒。在规定测量时间段内出现的误块秒总数与总的可用时间的比值称为误块秒比。

③ 严重误块秒（SES）和严重误块秒比（SESR）

某一秒内包含有不少于 30%的误块或者至少出现一个严重扰动期（SDP）时认为该秒为严重误块秒。其中严重扰动期指在测量时，在最小等效于 4 个连续块时间或者 1ms（取二者中较长时间段）时间段内所有连续块的误码率≥10^{-2}或者出现信号丢失。

在测量时间段内出现的 SES 总数与总的可用时间之比称为严重误块秒比（SESR）。

④ 背景误块（BBE）和背景误块比（BBER）

扣除不可用时间和 SES 期间出现的误块称为背景误块（BBE）。BBE 数与在一段测量时间内扣除不可用时间和 SES 期间内所有块数后的总块数之比称背景误块比（BBER）。

若这段测量时间较长，那么 BBER 往往反映的是设备内部产生的误码情况，与设备采用器件的性能稳定性有关。

3. 误码性能指标分配

（1）全程误码指标

在数字通信网中，基群及以上恒定比特率的数字通道由图 3-38 所示的假设参数通道组成。其中包括二个终端国和最多四个中间国，每个中间国可具有一或二个国际接口局（入局或出局），假设参考通道的端全长为 27 500km。

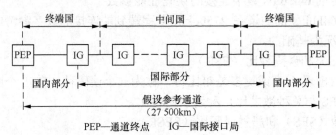

图 3-38　G.826 建议假设参考通道（HRP）模型

由假设参考通道（HRP）模型可知，其全程端到端的误码特性应满足表 3-15 的要求。

表 3-15　　　　　　　高比特率全程 27500km 通道的端到端误码性能规范要求

速率 Mbit/s	1.5～5	>5～15	>15～55	>55～160	>160～3500
比特数/块	800～5000	2000～8000	4000～20000	6000～20000	15000～30000
ESR	0.04	0.05	0.075	0.16	未定义
SESR	2×10^{-3}	2×10^{-3}	2×10^{-3}	2×10^{-3}	2×10^{-3}
BBER	2×10^{-4}	2×10^{-4}	2×10^{-4}	2×10^{-4}	2×10^{-4}

（2）误码指标分配

在按区段分段的基础上结合按距离分配的方法。将全程分为国际部分和国内部分。我国国内标准最长假设参考通道（HRP）为 6 900km。

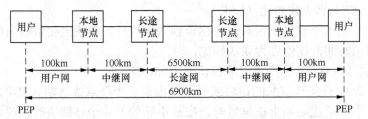

图 3-39　我国假设参考通道（HRP）的模型

国内网可分成三个部分，即长途网、中继网和用户网，其中长途网 2 种（即 420km 和 280km），中继网 1 种（即 50km），各类假设参考数字段（HRDS）的通道误码性能要求应满足如表 3-16（a）、（b）和（c）所示的数值。

3-16（a）　　　　　　　420km HRDS 误码性能指标

速率（kbit/s）	2048	34368	155520	622080	2488320
ESR	9.24×10^{-4}	1.733×10^{-3}	3.696×10^{-3}	待定	待定

续表

速率（kbit/s）	2048	34368	155520	622080	2488320
SESR	4.62×10^{-5}	4.62×10^{-5}	4.62×10^{-5}	4.62×10^{-5}	4.62×10^{-5}
BBER	4.62×10^{-6}	4.62×10^{-6}	2.31×10^{-6}	2.31×10^{-6}	2.31×10^{-6}

表 3-16（b）　　　　　　　　　　280km HRDS 误码性能指标

速率（kbit/s）	2048	34368	155520	622080	2488320
ESR	6.16×10^{-4}	1.155×10^{-3}	2.464×10^{-3}	待定	待定
SESR	3.08×10^{-5}	3.08×10^{-5}	3.08×10^{-5}	3.08×10^{-5}	3.08×10^{-5}
BBER	$3.08\times10{-6}$	$3.08\times10{-6}$	$3.08\times10{-6}$	1.54×10^{-6}	1.54×10^{-6}

3-16（c）　　　　　　　　　　50km HRDS 误码性能指标

速率（kbit/s）	2048	34368	155520	622080	2488320
ESR	1.1×10^{-4}	2.063×10^{-3}	4.4×10^{-4}	待定	待定
SESR	5.5×10^{-6}	5.5×10^{-6}	5.5×10^{-6}	5.5×10^{-6}	5.5×10^{-6}
BBER	5.5×10^{-7}	5.5×10^{-7}	5.5×10^{-7}	2.7×10^{-7}	2.7×10^{-7}

【任务实施】

SDH 误码性能是 SDH 传输设备最重要的指标之一，它规定为在正常（非最坏）的工作条件下运行的设备应无误码（误码检测时间为 15 分钟或 24 小时）。

SDH 线路系统误码停业务测试是指通道无业务承载的状态下，对光通道所有时隙进行的 15 分钟或 24 小时误码性能测试，如图 3-40 所示。

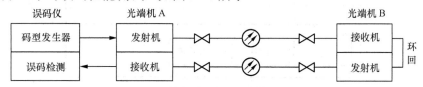

图 3-40　光纤通信系统停业务误码性能测试框图

SDH 线路系统误码在线测试是指通道有业务承载的状态下，通过开销字节对光通道所有时隙进行的 15 分钟或 24 小时误码性能监视测试，如图 3-41 所示。

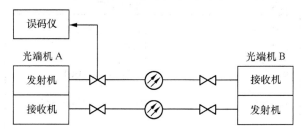

图 3-41　光纤通信系统在线误码性能测试框图

测量步骤如下。

第 1 步：根据不同的测试手段按图 3-40 或图 3-41 连接好电路。

第 2 步：发射机设置。

按［发射］键，如图 3-42 和图 3-43 所示进行设置。

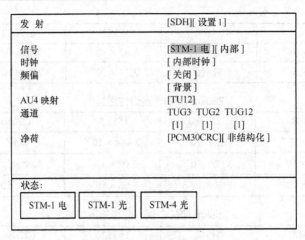

```
发 射                          [SDH][ 设置 1]

信号                          [STM-1 电][ 内部 ]
时钟                          [ 内部时钟 ]
频偏                          [ 关闭 ]
                             [ 背景 ]
AU4 映射                      [TU12]
通道                          TUG3  TUG2  TUG12
                              [1]    [1]    [1]
净荷                          [PCM30CRC][ 非结构化 ]

状态：

  STM-1 电      STM-1 光       STM-4 光
```

图 3-42 发射机设置 1

```
发 射                          [SDH][ 设置 2]

图形                          [2^15-1][ 负 ]
误码告警模式                   [SDH]
误码插入类型                   [A1A2 帧 ]
插入误码率                     [ 无 ]
告警类型                       [OOF]
单次触发                       [ 无动作 ]

状态：

   无          SDH          PDH 净荷
```

图 3-43 发射机设置 2

第 3 步：接收机设置。

按[接收]键，按如图 3-44 所示进行设置。

```
接 收                          [SDH][ 设置 ]

信号速率                       [STM-1 电 ][ 内部 ]
接口                          [ 终端 ]
AU4 映射                      [TU12]
通道                          TUG3  TUG2  TUG12
                              [1]    [1]    [1]
TU 净荷                       [PCM30CRC][ 非结构化 ]


图形                          [2^11-1 PRBS][ 负 ]

状态：

  STM-1 电      STM-1 光       STM-4 光
```

图 3-44 接收机设置

第 4 步：测量定时设置。

按[结果]键，在屏幕的上方选择"测量定时"，设置测量时间如图 3-45 所示。

结果	[测量定时]
短期测量	[1 秒]
测量定时	[手动]

状态：

手动	单次	定时

图 3-45　测量定时设置

第 5 步：结果观测。

a. 在按以上设置好，并进行正确连接后，仪表所有告警灯应关（历史灯除外）。

b. 按[开始/停止]键至绿灯亮，开始测量。

c. 按[结果]键，然后进行观测，如图 3-46 和图 3-47 所示。

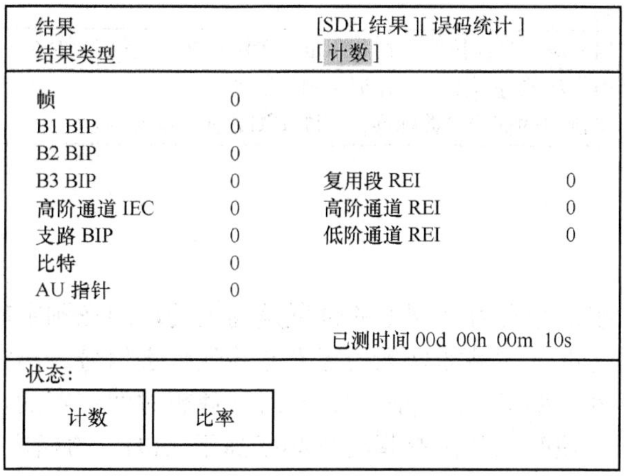

结果	[SDH 结果][误码统计]
结果类型	[计数]

帧	0		
B1 BIP	0		
B2 BIP	0		
B3 BIP	0	复用段 REI	0
高阶通道 IEC	0	高阶通道 REI	0
支路 BIP	0	低阶通道 REI	0
比特	0		
AU 指针	0		

已测时间 00d 00h 00m 10s

状态：

计数	比率

图 3-46　误码统计

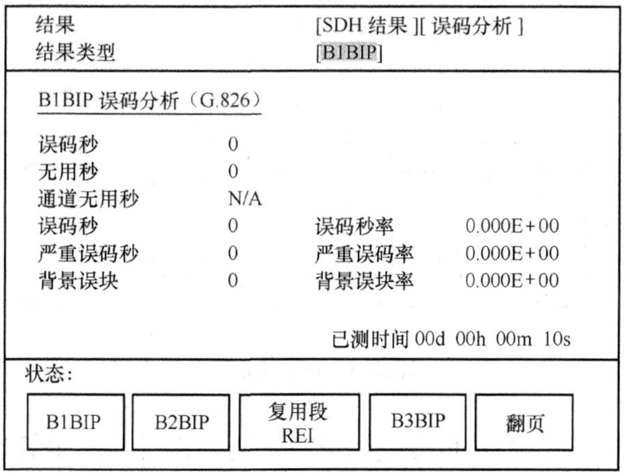

结果	[SDH 结果][误码分析]
结果类型	[B1BIP]

B1BIP 误码分析（G.826）

误码秒	0		
无用秒	0		
通道无用秒	N/A		
误码秒	0	误码秒率	0.000E+00
严重误码秒	0	严重误码率	0.000E+00
背景误块	0	背景误块率	0.000E+00

已测时间 00d 00h 00m 10s

状态：

B1BIP	B2BIP	复用段 REI	B3BIP	翻页

图 3-47　误码分析

d. 按[开始/停止]键至绿灯灭，结束测试。

（3）注意事项

① 测试时间为 24 小时，观察有无误码。

② 如果第一个 24 小时的测试出现误码，可进行第二次 24 小时误码观测。

任务五　光纤通信系统抖动测量

【任务书】

任务名称	光纤通信系统抖动测量		所需学时	2
任务目标	能力目标 能测量光纤通信系统的抖动。			
	知识目标 （1）掌握 STM N 光接口输入抖动容限的含义和测量； （2）掌握 STM N 光接口无输入抖动时输出抖动容限的含义和测量。			
任务描述	本任务主要介绍光纤通信系统抖动参数指标测量。通过对光纤通信系统抖动参数指标的含义和测量方法的学习，培养读者的使用仪表测量光纤通信系统抖动参数指标能力，为以后从事光通信工作打下良好基础。			
任务实施	（1）根据光通信机房的具体情况，按照测量配置图连接测量设备和仪表； （2）按照测量操作步骤进行测试，并记录测量数据； （3）根据 ITU-T 制定的标准参数标准，判断实测数据的准确性。			

【知识链接】

1. 抖动的含义

在理想情况下，数字信号在时间域上的位置是确定的，即在预定的时间位置上将会出现数字脉冲（1 或 0）。然而由于种种非理想的因素会导致数字信号偏离它的理想时间位置。我们将数字信号的特定时刻（如最佳抽样时刻）相对其理想时间位置的短时间偏离称为定时抖动，简称抖动。这里所谓短时间偏离是指变化频率高于 10Hz 的相位变化，而将低于 10Hz 的相位变化称为漂移，如图 3-48 所示。

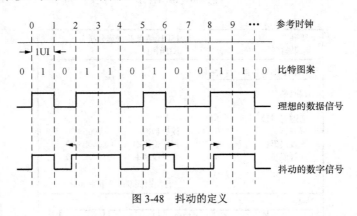

图 3-48　抖动的定义

事实上，两者的区分不仅在相位变化的频率不同，而且在产生机理、特性和对网络的影响方面也不尽相同。抖动的产生主要是内部噪声；漂移的产生主要是传输介质和设备中的时延变化。抖动和漂移都会使接收端出现信号溢出或取空，从而导致数字信号滑动损伤产生误码。完全消除抖动是困难的，因此在实际工程中，需要提出容许最大抖动的指标。由于漂移的测试对时钟、仪表等要求比较高，测试也比较复杂，在工程中一般不进行测试，故本任务对漂移的测试不予以介绍。

抖动的大小或幅度通常可用时间、相位度数或数字周期来表示。根据 ITU-T 建议，普遍采用数字周期来度量，即用"单位间隔"或称时隙（UI）来表示。当脉冲信号为二电平 NRZ 时，$1UI$ 等于 $1bit$ 信息所占时间，数值上等于传输速率 f_b 的倒数，即为 $1UI=1/f_b$，各速率对应的 UI 值如表 3-17 所示。

表 3-17 各速率对应的 UI 值

名 称	PDH 速率				SDH 速率			
	E1	E2	E3	E4	STM-1	STM-4	STM-16	STM-64
速率（Mbit/s）	2.048	8.448	34.368	139.264	155.52	622.08	2488.32	9953.28
抖动单位（ns）	488	118	29.1	7.18	6.43	1.61	0.40	0.10

2. 抖动的测量

市面上具有测试抖动功能的仪表种类比较多，本任务以 AV5236 测试仪表为例介绍输入和输出抖动容限的测量。

（1）输入抖动容限测量

光纤通信系统各次群的输入接口必须容许输入信号含有一定的抖动，系统容许的输入信号的最大抖动范围称为输入抖动容限，超过这个范围，系统将不再有正常的指标。显然，抖动容限越大，系统适应抖动的能力就越强。输入抖动容限分为 PDH 输入口的（支路口）和 STM-N 输入口（线路口）的两种输入抖动容限。

PDH 支路输入口输入抖动和漂移特性如图 3-49 和表 3-18 所示。实际系统的输入抖动容限应大于这个最小限值。

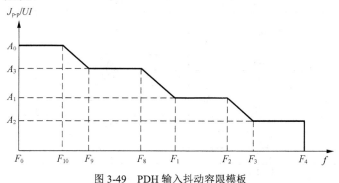

图 3-49 PDH 输入抖动容限模板

表 3-18 PDH 输入口的抖动容限模板参数表

速率（kbit/s） 参数值		2048	8448	34368	139264
UI_{PP}	A_0	36.9	152.0	618.6	2506.6
	A_1	1.5	1.5	1.5	1.5
	A_2	0.2	0.2	0.15	0.075
	A_3	18	*	*	*

速率（kbit/s） 参数值		2048	8448	34368	139264
频率	f_0	1.2×10^{-5} Hz	1.2×10^{-5} Hz	*	*
	f_{10}	4.88×10^{-3} Hz	*	*	*
	f_9	0.01Hz	*	*	*
	f_8	1.667Hz	*	*	*
	f_1	20Hz	20Hz	100Hz	200Hz
	f_2	2.4kHz	400Hz	1kHz	500Hz
	f_3	18kHz	3kHz	10kHz	10kHz
	f_4	100kHz	400kHz	800kHz	3500kHz
PRBS		$2^{15}-1$	$2^{15}-1$	$2^{23}-1$	$2^{23}-1$

SDH 线路口的输入抖动容限规范方法与支路口相同，ITU-T 制定 G.825 协议规定了其相应的容限模板如图 3-50 和表 3-19 所示。实际系统的输入抖动容限应大于这个最小限值。

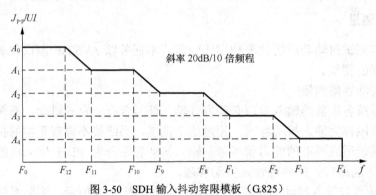

图 3-50　SDH 输入抖动容限模板（G.825）

表 3-19　　　　　　　　　　　STM-N 输入口的抖动容限模板参数表

速率 参数值		STM-1	STM-4	STM-16
UI_{PP}	A_0	2800	11200	44790
	A_1	311	1244	4977
	A_2	39	156	622
	A_3	1.50	1.50	1.50
	A_4	0.15	0.15	0.15
频率	f_0	12μHz	12μHz	12μHz
	f_{12}	178μHz	178μHz	178μHz
	f_{11}	1.6mHz	1.6mHz	1.6mHz
	f_{10}	15.6mHz	15.6mHz	15.6mHz
	f_9	125mHz	125mHz	125mHz
	f_8	19.3Hz	9.65Hz	12.1Hz
	f_1	500Hz	1kHz	5kHz
	f_2	6.5kHz	25kHz	100kHz*
	f_3	65kHz	250kHz	1MHz*
	f_4	1.3MHz	5MHz	20MHz

（2）无输入抖动时输出抖动容限测量

光端机光接口输出口抖动是指设备锁定于一个无抖动输入信号时，工作于保持方式，或内部时钟自由振荡方式时，光端机输出口的抖动容量称为无输入抖动时输出抖动容限。与输入抖动容限类似，也分为 PDH 支路口和 STM-N 线路口。

根据 ITU-T 建议，光端机光接口输入抖动容限要求如表 3-20、表 3-21 和表 3-22 所示。实际输出抖动容限应大于这个最小限值。

表 3-20　　　　　　　　　　设备输出抖动容限

等级	最大输出抖动峰峰值 UIp-p		测量滤波器参数		
	B1	B2	f_0（Hz）	f_2（kHz）	f_3（MHz）
STM-1	0.5	0.1	500	65	1.3
STM-4	0.5	0.1	1000	250	5
STM-16	0.5	0.1	5000	1000	20
STM-64	0.5	0.1	20000	4000	80

表 3-21　　　　　　　　　　网络输出抖动容限

等级	最大输出抖动峰峰值 UIp-p		测量滤波器参数		
	B1	B2	f_1（Hz）	f_2（kHz）	f_3（MHz）
STM-1	1.5	0.15	500	65	1.3
STM-4	1.5	0.15	1000	250	5
STM-16	1.5	0.15	5000	1000	20
STM-64	1.5	0.15	20000	4000	80

表 3-22　　　　　　　　　　再生器输出抖动容限

接口	测量滤波器	A 型再生器（峰峰值）
STM-10	500Hz～1.3MHz	0.30UI
	65kHz～1.3MHz	0.10UI
STM-4	1000Hz～5MHz	0.30UI
	250kHz～5MHz	0.10UI
STM-16	5000Hz～20MHz	0.30UI
	100kHz～20MHz	0.10UI
STM-64	20000Hz～80MHz	0.30UI
	4000kHz～80MHz	0.10UI

【任务实施】

1. 输入抖动容限测量

（1）测试配置

选择仪器的发送端为 SDH，接收端视具体情况选择 PDH 或 SDH。接线如图 3-51（SDH 发与 SDH 收）和图 3-52（SDH 发与 PDH 收）所示。

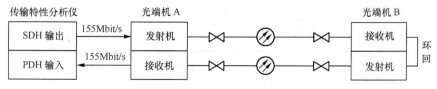

图 3-51　输入抖动容限测量（SDH 发与 SDH 收）

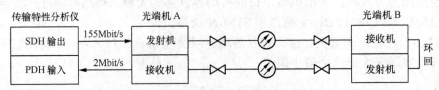

图 3-52　输入抖动容限测量（SDH 发与 PDH 收）

（2）测试步骤

第 1 步：按图 3-51 或图 3-52 接好电路。

第 2 步：发射机设置。按[发射]键，按图 3-53 和图 3-54 设置，接着在"发射"的"抖动"菜单中进行设置，如图 3-55 所示。

```
发　射                    [SDH][ 设置 1]

信号          [STM-1 电][ 内部 ]
时钟          [ 内部时钟 ]
频偏          [ 关闭 ]
              [ 背景 ]
AU4 映射      [TU12]
通道          TUG3  TUG2  TUG12
               [1]    [1]    [1]
净荷          [PCM30CRC][ 非结构化 ]

状态：
[ STM-1 电 ]   [ STM-1 光 ]   [ STM-4 光 ]
```

图 3-53　发射机设置 1

```
发　射                    [SDH][ 设置 2]

图形          [2^15-1][ 负 ]
误码告警模式  [SDH]
误码插入类型  [A1A2 帧 ]
插入误码率    [ 无 ]
告警类型      [OOF]
单次触发      [ 无动作 ]

状态：
[ 无 ]   [ SDH ]   [ PDH 净荷 ]
```

图 3-54　发射机设置 2

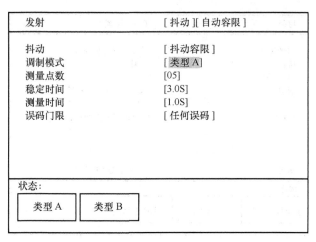

图 3-55　抖动设置

第 3 步：接收机设置。按[接收]键，PDH 侧的按图 3-56 或图 3-57 进行设置，PDH 侧的"净荷类型"和"图形"要与发射端 SDH 的净荷一致。

图 3-56　接收机设置（PDH）

按[接收]键，SDH 侧的按图 3-56 或图 3-57 进行设置，PDH 侧的"净荷类型"和"图形"要与发射端 SDH 的净荷一致。

第 4 步：测量及结果观测。

a．按以上设置，并进行正确连接后，仪器所有告警灯应关（历史和抖动冲击灯除外）。

b．按[开始]键至绿灯亮，开始测量。测量结束后，仪器会自动停止。

c．按[结果]键，对"抖动"中的"自动容限"进行观察，如图 3-58 和图 3-59 所示。

第 5 步：结果分析：

如果测得的曲线在 ITU-T 给出的模板之上，则被测输入口的抖动容限合格。如果实际测量的曲线中的任何一点在模板之下，则该输入口的抖动容限不合格。

（3）注意事项

a．测试前首先检查仪表和设备的接收光功率在指标范围内；

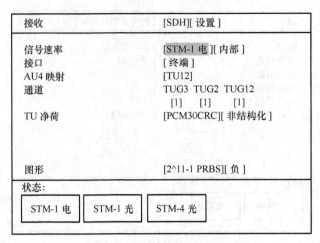

图 3-57　接收机设置（SDH）

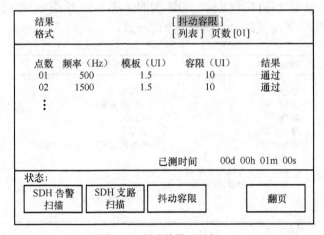

图 3-58　抖动结果（列表）

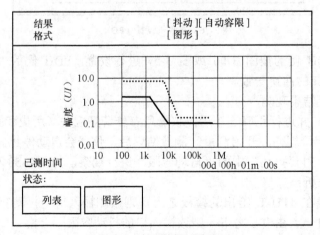

图 3-59　抖动结果（图形）

b. 设备和测试仪表必须同步，可以选择仪表抽设备的时钟，也可以选择设备抽仪表的时钟，但必须检查仪表和设备的时钟状态是否为同步锁定的状态；

c．测试开始后，发送窗口实时指示抖动容限测试结果，测试结束，发送和结果窗口中都会出现测试结果，但使用 TRANSMIT 键后，发送窗口测试结果消失。

2．无输入抖动时输出抖动容限测量

（1）测试配置

SDH 网络输出口的输出抖动测试配置如图 3-60 所示。其中图 3-60（a）是在线测试配置，图 3-60（b）是终端测试配置，二者同等有效。图中的光衰减器可根据实际测试需要设置。分光器用于将部分光信号分离，输入到抖动测试仪。如果是电接口，则光纤改用电缆，光耦合器改用高阻抗跨接。图中的抖动测试仪是 SDH 分析仪的接收部分，测试系统工作在从接收信号中提取定时的方式。

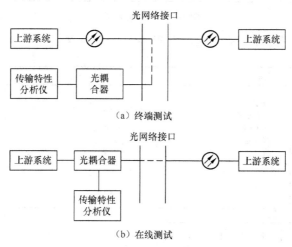

图 3-60 输出抖动容限测图

（2）测量步骤

第 1 步：按图 3-60 接好电路。

第 2 步：发射机设置。按[发射]键，按图 3-61 和图 3-62 设置。

```
发 射                     [SDH][ 设置 1]

信号                      [STM-1 电][ 内部 ]
时钟                      [ 内部时钟 ]
频偏                      [ 关闭 ]
                         [ 背景 ]
AU4 映射                  [TU12]
通道                      TUG3  TUG2  TUG12
                          [1]    [1]    [1]
净荷                      [PCM30CRC][ 非结构化 ]

状态:
 ┌─────────┐  ┌─────────┐  ┌─────────┐
 │ STM-1 电 │  │ STM-1 光 │  │ STM-4 光 │
 └─────────┘  └─────────┘  └─────────┘
```

图 3-61 发射机设置 1

发 射	[SDH][设置 2]
图形	[2^15-1][负]
误码告警模式	[SDH]
误码插入类型	[A1A2 帧]
插入误码率	[无]
告警类型	[OOF]
单次触发	[无动作]
状态:	

| 无 | SDH | PDH 净荷 |

图 3-62　发射机设置 2

第 3 步：接收机设置。按[接收]键，按图 3-63 进行设置。

接收	[SDH][抖动]
信号	[155Mbit/s 电]
接收量程	[1.6UI]
冲击门限	[1.00UI]
滤波器	[关闭]
接口	[终端]
状态:	

| 1.6UI | 16UI |

图 3-63　接收机设置

第 4 步：测量及结果观测。

a．按以上设置，并进行正确连接后，仪器所有告警灯应关（历史和抖动冲击灯除外）。

b．按[开始]键至绿灯亮，开始测量。

c．按[结果]键，对"抖动"中"冲击"和"幅度"进行观测，如图 3-64 和图 3-65 所示。

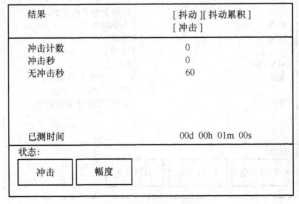

结果	[抖动][抖动累积]
	[冲击]
冲击计数	0
冲击秒	0
无冲击秒	60
已测时间	00d 00h 01m 00s
状态:	

| 冲击 | 幅度 |

图 3-64　抖动结果（冲击）

结果	[抖动][抖动累积] [幅度]
正峰 负峰 峰峰 滤波器	0.04UI 0.04UI 0.08UI 关闭
已测时间	00d 00h 01m 00s

状态：

冲击	幅度

图 3-65　抖动结果（幅度）

第 5 步：结果分析。

a．当"接收"中滤波器为 LP+HP1 时，抖动的峰–峰值小于 1.5UI 为合格。

b．当"接收"中滤波器为 LP+HP2 时，抖动的峰–峰值小于 0.5UI 为合格。

（3）注意事项

a．进行 SDH 信号的抖动测试前，必须保证仪表和设备的输入光功率在接收要求的范围内；

b．测试时可以根据输入信号的速率，配置好仪表的收发窗口和映射结构，使用收发关联 COUPLED；

c．测试 SDH 网络输出口的输出抖动时，也可以只配置接收窗口，不配置发送窗口和映射结构；

d．抖动测试必须对接收窗口中带通滤波器选项进行设置；

e．设备和测试仪表必须同步，可以选择仪表抽设备的时钟，也可以选择设备抽仪表的时钟，但必须检查仪表和设备的时钟状态是同步锁定的状态；

f．进行固有输出抖动、结合抖动、映射抖动的测试时，不用设置仪表发窗口中的抖动发生器，即不用加抖。进行抖动传函、抖动容限的测试时，必须设置发窗口中的抖动发生器。

【过关训练】

一．填空题

1．光衰减器有（　　　　　　　）和（　　　　　　　）两种类型。

2．光纤通信测量中使用的稳定光源有（　　　　　　　）和（　　　　　　　），发光元件输出近红外（　　　　）、（　　　　　　）和（　　　　　　）波长的单色光。

3．（　　　　　　　　　）是利用光线在光纤中传输时的瑞利散射所产生的背向散射而制成的精密的光电一体化仪表。

4．在光纤通信系统中，光端机与光纤之间的连接点称为（　　　　　　）；光端机与电端机之间的连接点称为（　　　　　　）。

5．光接口的指标测量主要有（　　　　　　　）和（　　　　　　　）两类。

6．光发送机的主要参数指标有（　　　　　）和（　　　　　　）；光接收机的主要参数指标有（　　　　　　）、（　　　　　　）和（　　　　　　）。

7．电接口的指标测量主要有（　　　　　）和（　　　　　）两类。

8．输入口的指标包括（　　　　　　）、（　　　　　）和（　　　　　）等；输出口的指标包括（　　　　　　　）、（　　　　　　　）、（　　　　　　　）和（　　　　　　　）等。

9．平均光功率的指标与（　　　　　　　）有关，在长距离的光纤通信数字系统中，要求有（　　　　　　　）的平均发送光功率，而在短距离的光纤通信系统中，则要求有（　　　　　　　）的平均发送光功率。

二．选择题

1．光发射机的消光比，一般要求小于或等于（　　　）

A．5%　　　　　　B．10%　　　　　　C．15%　　　D．20%

2．在误码性能参数中，严重误码秒（SES）的误码率门限值为（　　　）

A．10^{-6}　　　　　B．10^{-5}　　　　　C．10^{-4}　　　　D．10^{-3}

3．光纤衰减系数的单位是（　　　）

A.dB　　　　　　B.dBm　　　　　　C.dBm/km　　　D.dB/km

三．简答题

1．光纤通信中常用测量仪表有哪些？

2．光端机的 S 点测量指标有哪些？R 点测量指标有哪些？

3．电端机测量指标有哪些？

4．测量误码的方法有几种？

5．抖动和漂移有什么区别？

项目四

光纤通信系统应用

【项目导入】本项目主要介绍光纤通信系统中按光端机的不同类型划分产生的各种主要传输技术，主要包括同步数字体系（SDH）、波分复用（WDM）、分组传送网（PTN）、光传送网（OTN）等四大目前主要应用的传输技术的原理、具体设备结构及组网方式等。借此将相对抽象的光纤通信系统具化成光通信传输网络及应用。

任务一 SDH 技术应用

【任务书】

任务名称	SDH 技术应用	所需学时	12
任务目标	能力目标 （1）能将 SDH 逻辑功能块与 SDH 设备单板组成一一对应； （2）能根据任务要求进行 SDH 组网物理结构配置。		
	知识目标 （1）掌握 SDH 的帧结构、重要段开销及映射复用结构； （2）掌握 SDH 逻辑功能块组成； （3）掌握 SDH 设备系统结构； （4）掌握 SDH 组网及保护方式。		
任务描述	本任务主要介绍 SDH 技术的帧结构、段开销、映射复用、逻辑功能组成等技术原理，以华为 Metro3000 SDH 设备为例，讲解 SDH 设备的系统结构、单板功能，最终实现 SDH 物理结构的组网配置。		
任务实施	通过对 SDH 技术原理、具体设备结构及组网方式的介绍，读者能够掌握 SDH 设备性能，并能进行 SDH 物理结构的组网配置。		

【知识链接】

一、SDH 帧结构

1. SDH 特点

与传统的 PDH 相比较，SDH 有如下优点。

（1）灵活的分插功能。SDH 规定了严格的映射复接方法，可以直接从线路信号中灵活地上下支路信号。

（2）强大的网络管理能力。SDH 的帧结构中有足够的开销比特，可以满足故障告警、性能监控、网络配置、保护倒换和公务等需要。

（3）强大的自愈能力。具有智能检测的 SDH 网管系统和网络动态配置功能，在设备或系统发生故障时，能迅速恢复业务，提高网络的可靠性，降低维护费用。

（4）SDH 有标准的光接口规范，不同厂家的设备可以在光路上互联，真正实现横向兼容。

（5）SDH 具有兼容性。低于 SDH 速率的业务信号，可以通过各种复用途径最终形成SDH 帧，从而利用 SDH 网络进行传输。

总结起来，SDH 核心特点是：同步复用、标准光接口、强大的网络管理能力。

当然，SDH 技术并不是十全十美的，它也有以下不足之处。

（1）由于开销比特很多，因此频带利用率不如 PDH。

（2）大规模采用软件技术，一旦计算机系统出现问题，将造成全网瘫痪。

（3）为了能兼容各种速率信号，实现横向连接，采用指针调控技术，会产生较大的抖动，对信号造成一定的传输损伤。

2．SDH 速率等级

SDH 按一定的规律组成块状帧结构，称为同步传送模块(STM)，SDH 各种速率统一用STM-N 表示，N 取正整数 1、4、16、64、256。详细速率等级如表 4-1 所示。STM-N 光接口线路信号只是 STM-N 信号经扰码后电光转换的结果，因而速率不变。

表 4-1   SDH 速率等级

同步数字系列速率等级	比特率（kbit/s）	速 率 简 称
STM-1	155520	155M
STM-4	622080	622M
STM-16	2488320	2.5G
STM-64	9953280	10G
STM-256	39813120	40G

3．SDH 帧结构

SDH 帧结构由 9 行 270×N 列字节组成，每字节速率为 64kbit/s，所以 STM-N 的速率为 $9 \times 270 \times N \times 64$kbit/s $=155520 \times N$ bit/s。STM-N 的帧周期为 125μs。

SDH 帧由净负荷、管理单元指针（AU-PTR）、段开销(SOH)三部分组成，如图 4-1 所示。

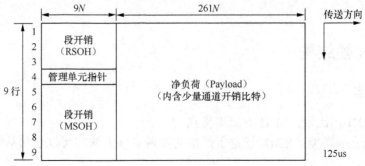

图 4-1   STM-N 帧结构

信息净负荷区存放各种电信业务信息和少量用于通道性能监控的通道开销字节，它位于STM-*N*帧结构中除段开销和管理单元指针区域以外的所有区域。

段开销（SOH）区域用于存放帧定位、运行、维护和管理方面的字节，以保证主信息净负荷正确灵活地传送。段开销进一步分为再生段开销（RSOH）和复用段开销（MSOH）。

管理单元指针存放在帧的第 4 行的 1～9×*N* 列，用来指示信息净负荷的第一个字节在STM-*N* 帧内的准确位置，以便正确区分出所需的信息。为了兼容各种业务或与其他网连接，需通过指针进行速率调整。

二、SDH 段开销

1．SDH 段开销组成

STM-*N* 的段开销由 *N* 个 STM-1 段开销按字节间插同步复用而成，但只有第一个 STM-1 的段开销完全保留，其余 *N*-1 个 STM-1 的段开销仅保留 A1、A2 和 3 个 B2 字节，其他的字节全部省略。

对于 STM-1 信号，段开销包括位于帧中 1～3 行×1～9 列的 RSOH 和 5～9 行×1～9 列的 MSOH。STM-1 段开销的安排如图 4-2 所示。RSOH 和 MSOH 的区别在于监控范围的不同，RSOH 对整个 STM-*N* 进行监控，MSOH 对 STM-*N* 中的每一个 STM-1 进行监控。

9 字节（9 行）

RSOH	A1	A1	A1	A2	A2	A2	J0		×
RSOH	B1	Δ	Δ	E1	Δ		F1	×	×
RSOH	D1	Δ	Δ	D2	Δ		D3	×	×
	管理单元指针 AU-PTR								
MSOH	B2	B2	B2	K1			K2		
MSOH	D4			D5			D6		
MSOH	D7			D8			D9		
MSOH	D10			D11			D12		
MSOH	S1					M1	E2	×	×

注 1:×为国内使用的保留字节。

注 2:Δ为与传输媒质有关的特征字节。

图 4-2　STM-1 段开销的安排

SDH 的 SOH 功能是十分完备的，但也不是在所有情况下所有的 SOH 字节都是必不可少的。根据实际情况对接口进行简化，省略一些非必需的 SOH 字节可以降低设备的成本。只有 A1、A2、B2、K2 字节是必不可少的。简化接口中的 SOH 可分为 3 种情况：必需保留的字节、可省略不用的字节及介于两者之间可以根据实际情况选用的字节。

简化接口的 SOH 字节选用如表 4-2 所示。这种简化接口只是为了生产厂商和网络运营商提供的一种选样，在实际应用中可根据实际情况使用。

表4-2 简化接口的 SOH 字节

SOH 字节	光 接 口	电 接 口
A1、A2	需要	需要
J0	需要	选用
B1	不用	不用
E1	选用	选用
F1	不用	不用
D1-D12	选用	选用
B2	需要	需要
K1、K2(APS)	选用	不用
K2(MS-RDI，MS-AIS)	需要	需要
S1	需要	需要
M1	需要	需要
E2	不用	不用

2．SDH 重要段开销功能

（1）帧定位字节 A1、A2

A1、A2 字节用来标识 STM-N 帧的起始位置。A1 为 11110110（F6），A2 为 00101000（28）。

（2）再生段踪迹字节 J0

J0 重复发送一个代表某接入点的标志，从而使再生段的接收端能够确认是否与预定的发送端处于持续的连接状态。用连续 16 帧内的 J0 字节组成 16 字节的帧来传送接入点识别符。在同一个运营商的网络内该字节可为任意字符，而在不同运营商之间的网络边界处要使设备收、发两端的 J0 字节相同。通过 J0 字节可使运营商提前发现和解决故障，缩短网络恢复时间。

（3）复用段误码监视字节 B2

用于复用段的误码在线监测，3 个 B2 共 24bit，作比特间插奇偶校验，即将被监测部分每 24bit 分为一组排列，然后计算每一列比特"1"的奇偶数，如果为奇数则 BIP-24 中相应比特置"1"，如果为偶数则 BIP-24 中相应比特置"0"

产生 B2 字节的方法：对前一个扰码后的 STM 帧中除再生段开销以外的所有比特作 BIP 运算，将结果放在当前 STM 帧扰码前的 B2 字节处。接收端将收到的前一帧计算 BIP 值，再与当前帧的 B2 异或，得到差错块数。

（4）自动保护倒换（APS）通路字节 K1、K2（bl～b5）

K1 和 K2（b1～b5）用于传送复用段保护倒换（APS）协议。保证设备发生故障时能自动切换，使网络自愈，用于复用段保护倒换自愈情况。

K1（b1～b4）指示倒换请求的原因，K1（b5～b8）指示提出倒换请求的工作系统序号，K2(bl～b5)指示复用段接收侧备用系统倒换开关桥接到的工作系统序号。

（5）复用段远端缺陷指示（MS-RDI）：K2（b6～b8）

用于向复用段发送端回送接收端状态指示信号，通知发送端，接收端检测到上游故障或者收到了复用段告警指示信号（MS-AIS）。有缺陷时在 K2（b6-b8）插入"110"码，表示 MS-RDI。

（6）同步状态：Sl（b5～b8）

S1 字节的 b5～b8 用作传送同步状态信息，即上游站的同步状态通过 Sl（b5～b8）传送到下游站。S1 的安排如表 4-3 所示。

表 4-3　　　　　　　　　　　S1 字节 b5～b8 的安排

S1 的 b5～b8	时钟等级
0000	质量未知
0010	G.811 基准时钟
0100	G.812 转接局从时钟
1000	G.812 本地局从时钟
1011	同步设备定时源（SETS）
1111	不可用于时钟同步

注：其余组态预留。

（7）复用段远端差错指示（MS-REI）字节 M1

M1 用于将复用段接收端检测到的差错数回传给发送端。接收端（远端）的差错信息由接收端计算出的 24×BIP-1 与收到的 B2 比较得到，有多少差错比特就表示有多少差错块，然后将差错数用二进制表示放置于 M1 的位置。

（8）数据通信通道字节 D1～D12

D1～D3 和 D4～D12 分别构成 SDH 网络中再生段和复用段之间运行、管理和维护信息的传送通道。

三、映射和复用过程

前面已经提到，SDH 具有兼容性，即将 PDH 三大系列的各速率等级的信号均可以纳入 SDH 的传送模块中（具体地说可纳入 STM-1 中），同时 SDH 还能兼容各种新业务纳入传送模块。这种将 PDH 信号和各种新业务装入 SDH 信号空间，并构成 SDH 帧的过程称之为映射和复用过程。

ITU-T 对 SDH 的复用映射结构或复用路线作出了严格的规定。如图 4-3 所示，PDH 各速率等级按复用路线均可以映射到 SDH 的传送模块中去。

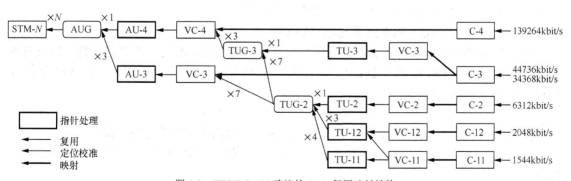

图 4-3　ITU-T G-709 建议的 SDH 复用映射结构

我国的光同步传输网技术体制规定以 2Mbit/s 为基础的 PDH 系列作为 SDH 的有效负荷，并选用 AU-4 复用路线，其基本复用映射结构如图 4-4 所示。由图可知，我国的 SDH 复用映射结构有 139264kbit/s、34368kbit/s、2048kbit/s 等 3 个 PDH 支路信号输入接口。一般不用 34Mbit/s 支路接口，因为一个 STM-1 只能映射进 3 个 34Mbit/s 支路信号，信道利用率太低。

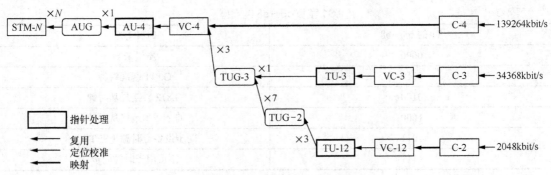

图 4-4 我国规定的 SDH 复用映射结构

1．映射复用单元介绍

SDH 的基本复用单元包括标准容器（C）、虚容器（VC）、支路单元（TU）、支路单元组（TUG）、管理单元（AU）、管理单元组（AUG）。

（1）标准容器（C）

容器是一种用来装载各种速率的业务信号的信息结构。主要完成适配功能，即完成输入信号在输出信号间的码型、码速变换。ITU-T 规定了 5 种标准容器：C-11、C-12、C-2、C-3 和 C-4，其标准输入速率分别为 1.544、2.048、6.312、34.368、139.264Mbit/s。

我国常用的有 C-12、C-3、C-4 等容器。已装载的容器可被视为虚容器的信息净负荷。

（2）虚容器（VC）

虚容器 VC 用于支持 SDH 通道层连接的信息结构，是 SDH 中可以用来传输、交换、处理的最小信息单元。VC 在 SDH 传输网中传输的路径称为通道。它由容器输出的信息净负荷加上通道开销（POH）组成，即

$$VC-n=C-n+POH$$

在我国的 SDH 映射复用结构中，虚容器 VC 可分为低阶虚容器和高阶虚容器，VC-12、VC-3 为低阶虚容器，VC-4 为高阶虚容器。

（3）支路单元（TU）和支路单元组（TUG）

支路单元 TU 是一种提供低阶通道层和高阶通道层之间适配功能的信息结构，即负责将低阶虚容器经支路单元组装进高阶虚容器。它由低阶 VC-n 和相应的支路单元指针（TU-n-PTR）组成。即

$$TU-n=低阶 VC-n+TU-n-PTR$$

支路单元指针 TU-n-PTR 用来指示 VC-n 净负荷起点在 TU 帧内的位置。

支路单元组 TUG 由一个或多个在高阶 VC 净负荷中占据固定的、确定位置的支路单元组成。

（4）管理单元（AU）和管理单元组（AUG）

管理单元 AU 是提供高阶通道层和复用段层之间适配功能的信息结构（即负责将高阶虚容器经管理单元组装进 STM-*N* 帧）。它由高阶 VC 和相应的管理单元指针（AU-PTR）组成。即

$$AU\text{-}n = 高阶 VC\text{-}n + AU\text{-}n\text{-}PTR$$

管理单元指针 AU-*n*-PTR 指示高阶 VC-*n* 净负荷起点在 AU 帧内的位置。

管理单元组 AUG 是由一个或多个在 STM-*N* 净负荷中占据固定的、确定位置的管理单元组成。

任何信号进入 SDH 组成 STM-*N* 帧均需经过三个步骤：映射、定位和复用。

2. 2048kbit/s 到 STM-1 的映射和复用

将 2048kbit/s 映射复用形成 STM-1 帧的步骤可以归纳成如下几步。

（1）将 2048kbit/s 的 PDH 信号适配进 C-12

C-12 帧是由 4 个基帧组成的复帧，共 4 行，34 列。每个基帧的周期为 125μs，C-12 帧周期为 500μs（4×125μs），处于 4 个连续的 STM-1 帧中，帧频是 STM-1 的四分之一，为 2kHz，帧长为 1088 比特（4×34×8bit），2048kbit/s 的信号以正 / 零 / 负码速调整方式装入 C-12。C-12 帧左边有 4 字节（每行的第一字节），其中一个为固定塞入字节，其余 3 字节中 C1 和 C2 比特用于调整控制共 6 bit，S1 比特为负码速调整比特，S2 比特为正调整机会比特。C-12 帧右边有 4 字节全部为固定塞入字节。

需要说明的是，一个复帧里的 4 个基帧是并行放置的，这 4 个基帧在复用成 STM-1 信号时，不是复用在同一帧 STM-1 信号中，而是复用在连续的 4 帧 STM-1 中。

（2）从 C-12 映射到 VC-12

为了在 SDH 网的传输中能实时监测每一个 2Mbit/s 通道信号的性能，需将 C-12 加入 4 个低阶通道开销字节（LP-POH）打包成 VC-12 的信息结构。

需要说明的是，一组通道开销检测的是整个复帧在网络中传输的状态，一个 C-12 复帧装载了 4 个 2Mbit/s 的信号，因此，一组低阶通道开销（LP-POH）监控的是 4 帧 2Mbit/s 信号的传输状态。

（3）将 VC-12 定位到 TU-12

TU-12 是由 4 行组成的复帧结构，每行 36 字节，每行占 125μs，需一个 STM 帧传送，因此一个 TU-12 需放置于 4 个连续的 STM 帧传送。为了使后面的复接过程看起来更直观，更便于理解，此处将 TU-12 每行均按传送的顺序写成一个 9 行 4 列的块状结构。

（4）将 TU-12 装入 TUG-2

按照我国规定的复用映射结构，3 个支路来的 TU-12 逐字节间插复用成一个支路单元组 TUG-2（9 行×12 列）。

（5）从 TUG-2 到 TUG-3

按照我国规定的复用映射结构，7 个 TUG-2 逐字节间插复用成 TUG-3 的信息结构。需要说明的是，TUG-3 的信息结构是 9 行 86 列，所以需要在 7 个 TUG-2 合成的信息结构前加入两列固定塞入比特（Rbit）。

（6）从 TUG-3 到 VC-4 进一步复用成 STM-1

3 个 TUG-3（从不同的支路映射复用而得来）复用，再加上两列固定塞入字节和一列（9 字节）VC-4 的通道开销，便构成了 9 行 261 列的虚容器 VC-4。至于 VC-4 形成 STM-1 的复用过程在 139264kbit/s 到 STM-1 的映射和复用过程中已讲解，在此不再重述。

2Mbit/s 映射和复用形成 STM-1 的过程如图 4-5 表示。

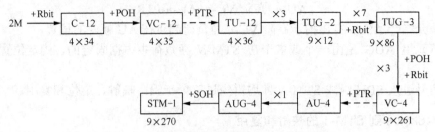

图 4-5　2Mbit/s 映射和复用形成 STM-1 流程图

综上叙述，一个 STM-1 帧中可容纳 1 个 140M，或者 3 个 34M，或者 63 个 2M。需要注意的是，一个 STM-1 帧只能装入单一速率的信号（如 34M 和 2M 不能混装复用形成一个 STM-1 帧）。

四、SDH 设备逻辑功能组成

1．SDH 设备（网元）类型

SDH 统一了设备类型和设备功能，使网络构成更加规范。SDH 设备（网元）类型有以下四种。

终端复用器（TM）：用于将各种低速信号复用映射入线路信号 STM-N 或做相反处理。如图 4-6 所示。

分插复用器（ADM）直接在 STM-N 中分出或插入低速信号。如图 4-7 所示。

再生中继器（REG）：实现对 STM-N 信号的放大、再生，以便延长通信距离。如图 4-8 所示。

数字交叉连接器（DXC）：实现不同端口、不同速率信号的交叉连接，如图 4-9 所示。

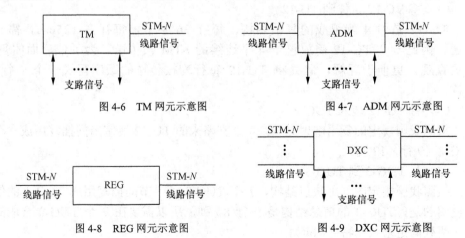

图 4-6　TM 网元示意图　　　　　　图 4-7　ADM 网元示意图

图 4-8　REG 网元示意图　　　　　　图 4-9　DXC 网元示意图

2．SDH 设备逻辑功能组成

ITU-T 采用功能参考模型的方法对 SDH 网元设备进行规范，将设备分解为一系列基本功能模块。对每一基本功能模块的内部过程及输入和输出参考点原始信息流进行严格描述，而对整个设备功能只进行一般化描述。不同的设备由这些基本功能模块灵活组合而成。功能块的实现与设备的物理实现无关，不同的厂家对同一功能的实现方法可能各不相同。

SDH 设备的逻辑功能如图 4-10 所示。主要由传送终端功能 TTF、高阶通道连接 HPC、高阶组装器 HOA、高阶接口 HOI、低阶通道连接 LPC、低阶接口 LOI 和一些辅助功能块构成。图中的每一小方块实现一个基本功能，不同功能块之间由逻辑点连接。任何一种 SDH 设备都是由部分或全部功能模块组合而成。

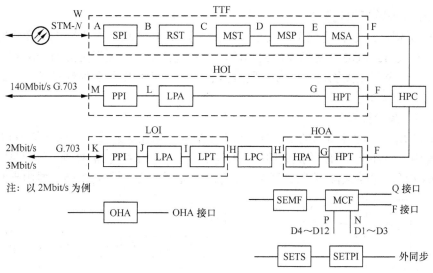

图 4-10　SDH 设备一般化逻辑框图

（1）TTF（传送终端功能）

传送终端功能 TTF 如图 4-11 所示，主要功能是实现 VC-4 信号按 SDH 的映射、复用逻辑组装成 STM-N 或相反过程。它主要由 5 个基本功能块组成，线路上的 STM-N 信号从 TTF 的 A 参考点进入，依次经过 A→B→C→D→E→F 被拆分成 VC-4 信号，这个信号流向我们定义为设备的收方向。相反地，VC-4 信号从设备的 F 参考点进入，最终被组装成 STM-N 信号，这个方向对应设备的发方向。SDH 设备中该功能块一般由线路板来完成。

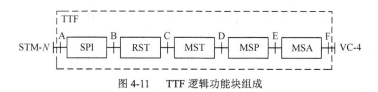

图 4-11　TTF 逻辑功能块组成

（2）HPC（高阶通道连接）

HPC 的核心是一个交叉连接矩阵，它将若干个输入的 VC-4 连接到若干个输出的 VC-4，如图 4-12 所示；除了信号的交叉连接外，信号流在 HPC 中是透明传输的。通过高阶通道连接功能可以完成 VC-4 的交叉连接、调度，使业务配置灵活、方便。物理设备上此功能一般由交叉板完成。

（3）HOA（高阶组装器）

如图 4-12 所示，高阶组装器的主要功能是，按照映射复用路线将低阶通道信号复用成高阶通道信号或做相反过程，例如，将多个 VC-13 或 VC-3 组装成一个 VC-4。HOA 功能在实际的物理设备上放在支路板或开销板上，有时全部在支路板上完成。

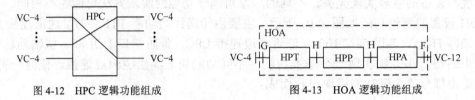

图 4-12　HPC 逻辑功能组成　　　　　图 4-13　HOA 逻辑功能组成

（4）LPC（低阶通道连接）

与 HPC 类似，LPC 也是一个交叉连接矩阵，如图 4-14 所示，不同之处在于它完成对低阶 VC 通道（VC-12/VC-3）交叉连接的功能，可实现低阶 VC 之间灵活的分配和连接。一个设备若要具有全级别交叉能力，就必须同时具备 HPC 和 LPC。在物理设备上，此功能一般与 HPC 一起由交叉板实现。

（5）HOI（高阶接口）

如图 4-15 所示，HOI 由 HPT、LPA、PPI 三个基本功能块组成，功能是将 140Mbit/s 信号映射到 C-4 中，并加上 POH 构成完整的 VC-4 信号，或者做相反的处理，即从 VC-4 中恢复出 140Mbit/s 信号，并终结高阶通道开销。在物理设备中，这项复合功能一般由支路板完成。

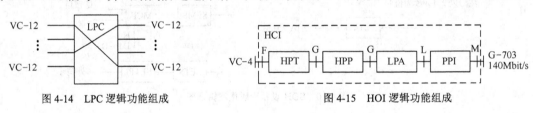

图 4-14　LPC 逻辑功能组成　　　　　图 4-15　HOI 逻辑功能组成

（6）LOI（低阶接口）

低阶接口功能块主要完成将 VC-12 或 VC-3 信号拆包成 PDH 2Mbit/s 或 34Mbit/s 的信号（收方向），或将 PDH 的 2Mbit/s 信号打包成 VC-12 信号，同时完成设备和线路的接口功能——码型变换；PPI 完成映射和解映射功能。低阶接口是由 LPT、LPP、LPA 和 PPI 组成的复合功能块，如图 4-16 所示。在实际物理设备中 LOI 一般由支路板实现。

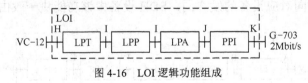

图 4-16　LOI 逻辑功能组成

（7）辅助功能块

SDH 设备除了具备以上介绍的基本功能块之外，还包含一些辅助功能块，它们将与基本功能块一起完成设备所要求的功能。

SEMF（同步设备管理功能）

SEMF 的主要作用是通过 S 点收集其他功能块的状态信息，进行相应的管理操作。包括收集各功能块的性能事件和告警信息，分析和处理收集的参数，并上报告给网管；接收网管下发的指令，去控制相关的功能块（向上游和下游的功能块送出维护信号）；通过 DCC 通道向其他网元传送 OAM 信息等。

MCF（消息通信功能）

该功能块的主要任务是完成各种消息的通信功能。图 4-17 所示，它为 SEMF 与其他功能块以及网管终端之间提供一个通信接口。MCF 的 N 接口传送 D1～D3 字节（DCCR），建立再生段消息传递通道；P 接口传送 D4～D12 字节（DCCM），建立复用段消息传递通道。MCF 实现网元和网元间的 OAM 信息的互通。此外，MCF 还提供和网络管理系统连接的 Q 接口和 F 接口，通过它们可使网管能对本设备及至整个网络的网元进行统一管理。

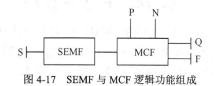

图 4-17　SEMF 与 MCF 逻辑功能组成

在 SDH 网元设备中 SEMF 和 MCF 一般由管理控制板来完成，有的网元分成两块板（主控板和通信板）。

SETS（同步设备定时源）

为了确保 SDH 网络的同步和设备的正常运行，SETS 为 SDH 网元乃至 SDH 系统的提供各类定时基准信号。

如图 4-18 所示。从图中可以看到：SETS 从外时钟源 T1、T2、T3 和内部振荡器中选择一路基准信号送到定时发生器，然后由此基准信号产生 SDH 设备所需的各种基准时序信号，经参考点 T0 送给除 SPI 和 PPI 之外的其余各基本功能块。另一路（来自 T0 或 T1）经参考点 T4 输出，向其他网络单元提供时钟信号。

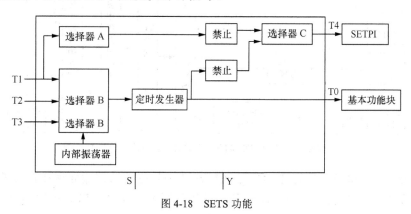

图 4-18　SETS 功能

SETS 时钟信号的来源如下。

① 由 SPI 功能块从线路上的 STM-N 信号中提取的时钟信号 T1，称为线路时钟信号；

② 由 PPI 从 PDH 支路信号中提取的时钟信号 T2，称为支路时钟信号；

③ 由 SETPI 提取的外部时钟源 T3，称为外部时钟信号，如 2MHz 方波信号或 2Mbit/s；

④ 当以上时钟信号源都劣化后，为保证设备的定时，由 SETS 的内置振荡器产生的时钟。

SETPI（同步设备定时物理接口）

SETPI 为 SETS 与外部时钟源之间提供物理接口，SETS 通过它接收外部时钟信号（T3 接口）或提供外部时钟信号（T4 接口）。

在物理设备上，SETS 和 SETPI 两功能一般由 SDH 网元的时钟板完成。

OHA（开销接入接口）

OHA 通过 U 参考点统一管理各相应功能块的开销字节，包括 E1、E2、F1、N1 等，同时对外部提供接口。在物理设备上，此项功能一般由 SDH 网元的开销板完成。

五、MSTP 技术原理

由于传统的 SDH 技术主要为语音业务设计，存在包括传送突发数据业务效率低下、保护带宽至少占用 50%的资源、传输通道不能共享，导致资源利用率低、电路须通过网管配置，不能动态地改变带宽等诸多问题。但是不管怎样，至少在以后相当长一段时间里 SDH 网络的基础地位是不会改变的。因为目前的 SDH 网络已经庞大得让传统的电信运营商无法从容地放弃（据调查我国各类电信运营商对 SDH 的总投资在 2000 亿元左右），只是更多地考虑如何保持网络的平滑演进。

MSTP 是指基于 SDH 平台，实现 TDM、ATM 及以太网业务的接入处理和传送，并提供统一网管的多业务综合传送技术。MSTP 技术是为适应城域综合传送网建设要求，从 SDH 技术发展起来的一种综合业务传送技术，MSTP 技术是传统 SDH 技术的延续和发扬。

关于 MSTP 设备的功能模型在 YD/T 1238-2002《基于 SDH 的多业务传送节电技术要求》中进行了规定。其整体功能模型如图 4-19 所示。

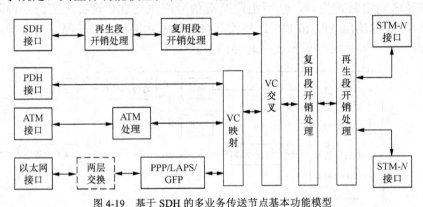

图 4-19　基于 SDH 的多业务传送节点基本功能模型

由于 SDH 技术本身就是为 PDH、SDH 等 TDM 业务的传输而优化设计的，所以基于 SDH 技术开发的 MSTP 技术对 TDM 业务能够提供很好的支持，MSTP 的 ATM 功能应用较少，接下来主要分析以太网业务在 MSTP 上的传送实现。

1．封装中的关键技术——通用成帧规程 GFP

MSTP 技术中的封装作用是把变长的净负荷映射到字节同步的传送通路中。现有的帧封装方法主要有点对点协议 PPP、SDH 链路接入规程 LAPS、通用成帧规程 GFP 三种封装技术。其中 PPP 和 LAPS 封装帧定位效率不高，而 GFP 封装采用高效的帧定位方法，提高了传输效率，是今后以太网帧向 SDH 帧映射的比较理想的方法。

2．映射过程中的关键技术——虚级联 VCAT

实际应用时，数据包所需的带宽和 SDH VC 带宽并不都是匹配的，例如 IP 包可能需要高于 VC-12 带宽但又低于 VC-3 的带宽，可行的办法是用级联的办法将 X 个 VC-12 捆绑在一起组成 VC-12-X，在它所支持的净荷区 C-12-X 中建立链路。

级联方式分为连续级联与虚级联两种。

（1）连续级联：当被级联的各个 VC-n 是连续排列的，在传送时它们被捆绑成为一个整体来考虑，这种级联称为连续级联，级联后的 VC 记为 VC-n-Xc，通常以 VC-n-Xc 中第一个 VC-n 的通道开销 POH 作为级联后的 VC-n-Xc 的 POH。

（2）虚级联：当被级联的 VC-n 并不连续时，这种级联称为虚级联，级联后的 VC 记为 VC-n-Xv，虚级联在运用上更为灵活，组成虚级联的各个 VC-n 可独立传送，因此各 VC-n 都需要使用各自的 POH 来实现通道监视与管理，收端对各 VC-n 在传送中产生的时延差给予补偿，使各 VC-n 在接收侧相位对齐。

连续级联和虚级联如图 4-20 所示。

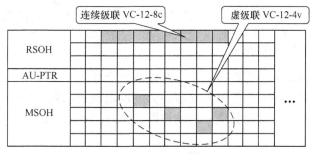

图 4-20　连续级联和虚级联示意图

现有 MSTP 技术中通常采用虚级联方式。虚级联最大的优势是当物理链路有一个路径出现中断的话，不会影响从其他路径传输的 VC。

3. 映射过程中的关键技术——链路容量调整方案 LCAS

虚级联需要改进的地方在于如果虚级联中一个 VC-n 出现故障，整个虚级联组将失效，解决办法是采用虚级联和 LCAS 协议相结合。

链路容量调整方案 LCAS 协议，是 ITU-T G.7042 标准规定的处理虚级联失效和动态调整业务带宽的专用协议。提供了一种虚级联链路首端和末端的适配功能，可用来增加或减少 SDH/OTN 网中采用虚级联构成的容器的容量大小。

举例来说，MSTP 现行分配 46 个 VC-12 的虚级联来承载一个 100M 的 FE 业务，如果其中的 6 个 VC-12 出现故障，剩余的 40 个 VC-12 能无损伤地将此 FE 业务传送过去；如果故障恢复，FE 业务也相应恢复到原来的配置。

在 MSTP 承载以太网业务的封装和映射过程中将通用成帧规程 GFP、虚级联 VCAT 和链路容量调整方案 LCAS 结合起来，可以使 MSTP 网络很好地适应数据业务的特点，具有带宽的灵活性，提高带宽利用效率。

六、SDH 组网及保护

1. SDH 网络拓扑基本结构

SDH 网络拓扑基本结构有链形、星形、树形、环形和网孔形。

（1）点到点链形网

图 4-21 所示为一个最典型的链形 SDH 网，其中链状网络两端点配备 TM，在中间节点配置 ADM 或 REG。网中的所有节点一一串联，且首尾两端开放。

此网络拓扑结构特点：简单经济，一次性投入少，容量大；通常采用线路保护方式，多应用于 SDH 初期建设的网络结构中，如专网（铁路网）或 SDH 长途干线网。

（2）星形网

星形网选择网络中某一网元作为枢纽节点与其他各节点相连，其他各网元节点互不相连，网元各节点间的业务需要经过枢纽节点转接。如图 4-22 所示，在枢纽节点配置 DXC，在其他节点配置 TM。

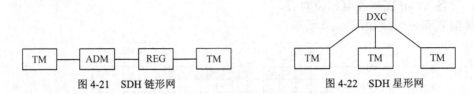

图 4-21　SDH 链形网　　　　　　　　图 4-22　SDH 星形网

这种网络拓扑结构简单，可将多个光纤终端统一合成一个终端，从而利用分配带宽来节约成本；但存在枢纽节点的安全保障和处理能力的潜在瓶颈问题。枢纽节点的作用类似交换网的汇接局，此种拓扑多用于业务集中的本地网（接入网和用户网）。

（3）树形网

树形拓扑网络可看成是链形拓扑和星形拓扑的组合，如图 4-23 所示，三个方向以上的节点应设置 DXC，其他节点配置 ADM 或 TM。

这种网络拓扑适合于广播业务，而不利于提供双向通信业务，同时也存在枢纽节点可靠性不高和光功率预算等问题。

（4）环形网

环形网络拓扑实际上是指将链形拓扑首尾相连，从而使网上任何一个网元节点都不对外开放的网络拓扑形式。如图 4-24 所示，通常在各网络节点上配置 ADM，也可采用 DXC。

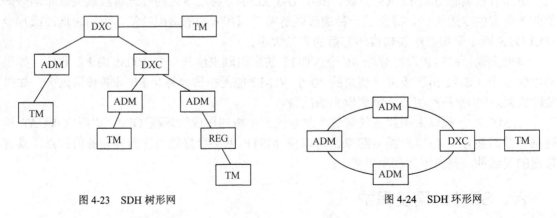

图 4-23　SDH 树形网　　　　　　　　图 4-24　SDH 环形网

这种网络是当前使用最多的网络拓扑形式，其结构简单且具有较强的自愈功能，网络生存和可靠性高，是组成现代大容量光纤通信网络的主要基本结构形式，常用于本地网（接入网和用户网）、局间中继网。

（5）网孔形网

如图 4-25 所示，网孔形将所有网元节点两两相连，是一种理想的网络结构。通常在业务密度大的网络中，每个节点需配置 DXC，为任意两网元节点间提供两条以上的传输路由。

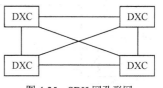

图 4-25　SDH 网孔形网

这种网络的可靠性更强，不存在瓶颈问题和失效问题。但由于 DXC 设备价格昂贵，若网络都采用此设备进行高度互联，会使投资成本增大且结构复杂，降低系统有效性。因此一般在业务量大且密度相对集中的节点使用 DXC；网孔形网主要用于国家一级干线网。

当前用得最多的网络拓扑是链形和环形，通过它们的灵活组合，可构成更加复杂的网络。

2．SDH 网络保护

为提高网络传输的可靠性和 SDH 网络的生存能力，SDH 网络通常采用一定保护机制，包括设备保护、路径保护和网络恢复。

设备保护针对的是网络节点的保护，可以通过提供额外的硬件设备来实现。当工作单板出现故障时，备用单板可以迅速取代工作单板继续工作。

路径保护主要是对传输线路以及网元节点的线路终端接口的保护，而不保护网元节点本身的故障。当工作系统的性能劣化到一定程度或者线路传输中断时，路径保护利用节点之间预先分配好的容量提供一条额外的路径传输信号。由于事先安排好了保护路径，其倒换速度非常快，在 50ms 以内完成。一定的主用容量需要一定的备用容量来保护，因此备用容量无法在网络上实现共享。当网络容量有限、结构复杂时，就需要网络恢复措施了。

（1）SDH 线形网保护

SDH 线形网采用与传统 PDH 网络近似的线路保护倒换方式，分为 1+1 保护和 1:n 保护。

1+1 的保护结构，即每一个工作系统都配有一个专用的保护系统，两个系统互为主备用。如图 4-26 所示，在发送端，SDH 信号被同时送入工作系统和保护系统，接收端在正常情况下选择接收工作系统的信号。同时接收端复用段保护功能（MSP）不断监测收信状态，当工作系统性能发生劣化时，接收端立即切换到保护系统选收信号，使业务得到恢复。

这种保护方式采用"并发优收"保护策略，不需要自动保护倒换协议（APS）。工作通路的发端永久地桥接于工作段和保护段，保护倒换全由收端根据接收信号的好坏自动进行。因此 1+1 保护简单、快速而可靠。但因为是专用的保护，1+1 不提供无保护的附加业务通路，信道利用率较低。

1:n 的保护方式中，n 个工作系统共享 1 个保护系统。如图 4-27 所示，正常情况下，工作系统传送主用业务，保护系统传送服务级别较低的附加业务。当复用段保护功能（MSP）监测的主用信号劣化或失效时，额外业务将被丢弃，发送端将主用业务倒换到保护系统上，而接收端也将切换到保护系统选择接收主用业务，主用业务因而得到恢复。

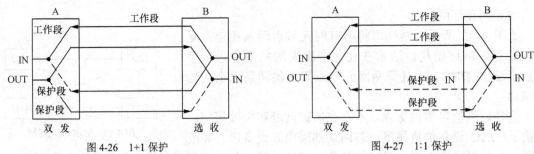

图 4-26 1+1 保护　　　　　　　　　　　图 4-27 1:1 保护

这种方式需要自动保护倒换协议（APS），其中 $K1$ 字节的 b5～b8 的 0001～1110[1～14] 指示要求倒换的工作系统的编号，因此 n 的值最大为 14。相对于 1+1 保护方式，1:n 倒换速率慢一些，但信道利用率高。

总体而言，线性网络保护机制简单而快速，但其仅仅保护线路，因而多应用于点到点的保护；此外，一般主用光纤和备用光纤是同沟同缆铺设的，一旦光缆被切断，这种保护方式就无能为力了。

（2）SDH 环形网保护

所谓自愈是指在网络出现故障（如光纤断）时，无需人为干预，网络能自动地在极短的时间内（ITU-T 规定为 50ms 以内）恢复业务，使用户几乎感觉不到网络出了故障。SDH 环形网就具备自愈的特点，被称为自愈环。实现自愈的前提条件包括网络的冗余路由、网元节点的交叉连接功能等。

根据保护业务的级别，SDH 环形网保护可以分为通道倒换环和复用段倒换环。对于通道倒换环，业务量的保护以通道为基础，倒换与否由环中某一通道信号质量的优劣而定；通常可根据是否收到 TU-AIS 来决定该通道是否倒换。而对于复用段倒换环，业务量的保护以复用段为基础，倒换与否由每一对节点之间的复用段信号质量的优劣来决定，当复用段有故障时，故障范围内整个 STM-N 或 1/2 STM-N 的业务信号将切换到保护回路。复用段保护倒换的条件包括 LOF、LOS、MS-AIS、MS-EXC 告警信号。

① 二纤单向通道保护环

此环在任意两节点之间由两根光纤连接，构成两个环，其中一个为主环（S），另外一个为保护环（P）。网元节点通过支路板将业务同时发送到主环 S 和保护环 P，两环的业务相同但传输方向相反。正常情况下，目的节点的支路板将选择接收主环 S 下支路业务。对同一节点来说，正常时发送出的信号和接收回的信号均是在 S 纤上沿同一方向传送的，故称为单向环。

如图 4-28（a）所示，环网中 A、C 节点互通业务。正常情况下，A 至 C 的业务（AC）和 C 至 A 的业务（CA）都被并行发送到 S 环（逆时针方向）和 P 环（顺时针方向）；也就是在 S 环，AC 经过 D 点直通达到 C 点，CA 经过 B 点直通达到 A 点；在 P 环，AC 经过点 B 直通达到 C 点，CA 经过 D 点直通到 A 点。正常情况下，A 点从 S 环上选收业务 CA，C 点从 S 环上选收业务 AC。

当 B-C 光缆段的光纤同时被切断，注意此时网元支路板仍旧并发业务到 S 和 P 环。如图 4-28（b）所示，AC 业务被同时送至 S 环和 P 环传输，其中业务沿 S 环经过 D 点直通安全达到 C 点，而沿 P 环的业务因 BC 之间断纤而无法达到，但这并不影响 C 点从主环 S 中选择接收信号，因而 C 点不发生保护倒换。

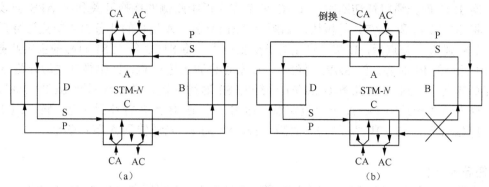

图 4-28　二纤单向通道保护环

CA 业务被同时送至 S 环和 P 环传输，由于 BC 之间断纤业务无法沿 S 环传输经过 B 到达 A 点。这时 A 点将收到 S 环上的 TU-AIS 告警信号，然后 A 点立即倒换到保护环 P 的选收 CA 业务，从而 CA 业务得以恢复。这就是通常所说的"并发优收"。

网元节点发生了通道保护倒换后，支路板同时监测主环 S 上业务的状态，当连续一段时间（华为的设备是 10 分钟左右）未发现 TU-AIS 时，发生倒换网元的支路板将切回到主环接收业务，恢复成正常时的默认状态。

二纤单向通道保护环倒换不需要 APS 协议，速度快，但网络的业务容量不大，多适用于环网上某些节点业务集中的情况。

② 双纤双向复用段保护环

从图 4-29 中看出双纤双向复用段保护环利用两根光纤——S1/P2、S2/P1。每根光纤的全部容量一分为二，一半容量用于业务通路，剩下一半则用于保护通路且保护的是另一根光纤上的主用业务。

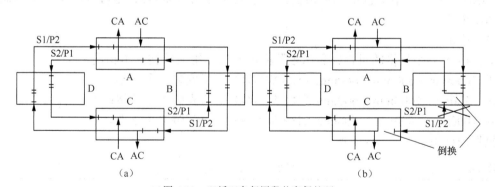

图 4-29　双纤双向复用段共享保护环

如图 4-28（a）所示，A、C 两节点之间通信，正常时，S1／P2 纤的 S1 时隙用于传输 A 到的 C 业务，P2 时隙用于传输额外业务。而 C 到的 A 业务则置于 S2／P1 纤的 S2 时隙传输，额外业务置于 P1 时隙。

当网 B-C 间光缆段被切断时，B、C 两节点靠近中断侧的倒换开关利用 APS 协议执行环回，将 S1/P2 纤和 S2/P1 纤桥接，如图 4-28（b）所示。A 到 C 的业务自 A 节点进环后，沿着 S1/P2 纤到达 B 节点后，B 节点利用时隙交换技术，将 S1/P2 纤上 S1 时隙的主用业务转移到 S2/P1 纤上的 P1 时隙，沿 S2/P1 纤经 A、D 节点直通到达 C 点，经倒换开关后分路出来。

当网 B-C 间光缆段被切断时，B、C 两节点靠近中断侧的倒换开关利用 APS 协议执行环回，将 S1/P2 纤和 S2/P1 纤桥接，如图 4-28(b)所示。A 到 C 的业务自 A 节点进环后，沿着 S1/P2 纤到达 B 节点后，B 节点利用时隙交换技术，将 S1/P2 纤上 S1 时隙的主用业务转移到 S2/P1 纤上的 P1 时隙，沿 S2/P1 纤经 A、D 节点直通到达 C 点，经倒换开关后分路出来。

在 C 节点，C 到 A 的业务沿 S2/P1 光纤的 S2 时隙送出，随即环回至 S1/P2 光纤的 P2 时隙，沿 S1/P2 光纤经 D、A 节点直穿通到达 B 点；在 B 点执行环回功能，将 S1/P2 光纤的 P2 时隙业务环到 S2/P1 光纤的 S2 时隙上去，经 S2/P1 光纤传到 A 节点落地。

【任务实施】

运营商传输机房一般都会有多个厂家的 SDH 设备，不同厂家生产的 SDH 设备在系统结构和功能上大致相同，只是要注意不同厂家的 SDH 设备单板命名上有所不同。即熟悉一两种 SDH 设备，就可以推而广之认知不同厂家的 SDH 设备。在此介绍典型的 SDH 设备中兴 S390。

ZXMP S390 是中兴通讯推出的基于 SDH 的多业务节点设备，最高传输速率为 9953.280 Mbit/s。ZXMP S390 可提供 STM-1 至 STM-64 速率的标准光接口、STM-1 电接口、PDH 电接口；可提供吉比特以太网（GE）接口、快速以太网（FE）接口、异步转移模式（ATM）接口。

ZXMP S390 具备完善的设备和网络保护功能，大大提高了系统的可靠性和稳定性。设备保护功能包括冗余设计、单板 1+1 热备份等；网络保护功能包括复用段保护（MSP）、子网连接保护（SNCP）、双节点互连保护（DNI）等。

1. 硬件结构

ZXMP S390 基本配置单元包括机柜、子架（带风扇插箱）、电源分配箱、电源监控插箱、防尘单元。

（1）机柜

提供如下 3 个规格的机柜，各机柜除高度不同，组成结构基本相同。

① 2600mm×600mm×600mm（H×W×D），可安装 2 个子架；

② 2200mm×600mm×600mm（H×W×D），可安装 1 个子架；

③ 2000mm×600mm×600mm（H×W×D），可安装 1 个子架。

机柜顶部指示灯如表 4-4 所示。

表 4-4　　　　机柜指示灯及含义

指示灯	名称	状态	
		亮	灭
红灯	主要告警指示灯	当前设备有紧急告警，一般同时伴有声音告警	当前设备无紧急告
黄灯	一般告警指示灯	当前设备有主要告警	当前设备无主要告警
绿灯	电源指示灯	当前设备供电电源正常	当前设备供电电源中断

（2）电源分配箱

电源分配箱用于接入外部输入的主、备电源。电源分配箱对外部电源进行滤波和防雷等处理后，分配主、备电源各 4 对（标准配置）或 6 对（满配置）至各子架。电源分配箱外形尺寸为 132.5 mm（3U）（高）×482.6 mm（宽）×269.5 mm（深）。内含电源监控插箱，电源监控插箱用于将电源分配箱输出的电源分配至子架和风扇插箱，并对电源进行监控。

（3）子架

ZXMP S390 子架为符合 ETSI 标准的 19 英寸子架，外形尺寸为 933.5 mm（高）×482.6 mm（宽）×269.5 mm（深），子架各组件功能如表 4-5 所示。

表 4-5　　　　　　　　　　　　子架各组件功能

组　件	功　能
背板	1. 上部为子架接口，为子架提供电源插座和信号连接接口 2. 中部正对插板区，为各槽位单板提供信号插座和电源插座 3. 下部正对风扇插箱，为风扇插箱提供电源插座和信号插座
插板区	插板区为双层结构，用于插装 ZXMP S390 的单板
走线区	1. 上走线区位于子架接口区前面，为子架接口区电缆、上层单板面板引出的电缆提供走线通道 2. 光纤走线区位于上、下两层单板之间，为上层单板面板引出的光纤提供走线通道，设有可以开合的小门 3. 下走线区位于子架底部，用于为下层单板面板引出的电缆、光纤提供走线通道，设有可以拆卸的挡板，用于保护线缆
风扇插箱	位于子架底层，用于对设备进行强制风冷散热
安装支耳	分为左、右支耳，使用松不脱螺钉将子架固定在机柜上

ZXMP S390 子架的板位排列如表 4-6 所示，数字表示槽位号。

表 4-6　　　　　　　　　　　　S390 子架板位排列

01	02	03	04	05	06	07	08	09
光纤走线区					光纤走线区			
10	11	12	13	14	15	16	17	18

单板与插槽的对应关系如表 4-7 所示。

表 4-7　　　　　　　　　　　　单板与插槽对应关系

槽　位　号	可　插　单　板	备　注
9	NCP	——
18	OW	——
04，05	CSE	默认槽位 04 为主用插槽，槽位 05 为备用插槽
13，14	SCE	默认槽位 13 为主用插槽，槽位 14 为备用插槽
其余槽位	其余单板	——

2．单板功能

ZXMP S390 的单板可分为功能单板和业务单板。功能单板包括网元控制板、公务板、时钟板、交叉板、光放大板；业务单板包括电支路板、电接口板、光线路板、数据业务板。

ZXMP S390 各单板功能如表 4-8 所示。

表 4-8 S390 单板功能

单板英文缩写	单板中文名称	单板简要功能
NCP	网元控制板	网元控制板（NCP）提供网元管理功能，是整个系统网元级监控中心，上连网管 Manager，下连单板管理控制单元（MCU）
OW	公务板	OW 板采用 STM-N 信号中的公务字节（E1、E2）并结合网管和 CSE 板交叉处理功能，实现公务电话、音频接口和会议电话等功能
SCE	时钟板	为 SDH 单元提供系统时钟、系统帧头信号，同时提供开销总线时钟及帧头，并根据 SSM 字节实现时钟同步
CSE	交叉板	交叉板（CSE）是整个系统的核心部件，是群路和支路净负荷的汇集地，完成业务交叉、开销交叉以及保护倒换功能
TCS	时分交叉板	完成低阶交叉
OA	光放大板	实现对光线路信号的放大
ET1	E1 电支路板	从中文名称可知
EL1x4	4 路 STM-1 电接口板	从中文名称可知
EL1x8	8 路 STM-1 电接口板	从中文名称可知
OL1x4	4 路 STM-1 光线路板	从中文名称可知
OL1x8	8 路 STM-1 光线路板	从中文名称可知
OL4x2	2 路 STM-4 光线路板	从中文名称可知
OL4x4	4 路 STM-4 光线路板	从中文名称可知
OL16	1 路 STM-16 光线路板	从中文名称可知
OL16x4	4 路 STM-16 光线路板	从中文名称可知
OL64E	STM-64 光线路板	从中文名称可知
TGE2B-E	2 路透传吉比特以太网光接口板	从中文名称可知
AP1S8	8 路 ATM 处理板	从中文名称可知
SEC	增强型智能以太网处理板	从中文名称可知
RSEA	内嵌 RPR 以太网接口处理板	从中文名称可知
RSEB	内嵌 RPR 交换处理板	从中文名称可知

任务二 WDM 技术应用

【任务书】

任务名称	WDM 技术应用		所需学时	6
任务目标	能力目标 （1）能认知 WDM 设备系统结构及单板性能； （2）能根据任务要求进行 WDM 组网物理结构配置。 知识目标 （1）掌握 WDM 技术复用原理； （2）掌握 WDM 系统结构； （3）掌握 WDM 波道频率分配。			

任务描述	本任务主要介绍 WDM 技术的复用原理、系统结构、波道频率分配等技术原理，以中兴 M900 WDM 设备为例，讲解 WDM 设备的系统结构、单板功能，最终实现 WDM 物理结构的组网配置。
任务实施	通过对 WDM 技术原理、具体设备结构及组网方式的介绍，读者能够掌握 WDM 设备性能，并能进行 WDM 物理结构的组网配置。

【知识链接】

一、WDM 技术背景

（1）信息快速发展的需求

伴随着个人电脑普及，Internet 飞速发展，由数字移动通信业务导向个人通信而引发的常规通信的革命，以及多媒体通信业务的出现等引发的信息爆炸，刺激了全球通信业务的疯狂增长，而这直接导致对通信带宽要求急剧猛增，即要求传输信道的高速率和大容量，以满足通信业务传输数据量的剧增要求。

（2）充分利用光纤具有的巨大带宽资源

理论上分析，一根常规石英单模光纤在 1550nm 波段可提供约 25THz 的低损耗窗口，因此，充分挖掘光纤的应用带宽，将未来光网络速率朝着 Tbit/s 乃至更高的速率发展已成必然。

（3）时分复用（TDM）技术存在的缺陷

采用时分复用方式固然是数字通信提高传输效率、降低传输成本的有效措施，但是，随着现代电信网对传输容量要求的急剧提高，利用 TDM 方式已日益接近硅和砷化镓技术的极限，并且传输设备的价格也很高，光纤色度色散和偏振模色散的影响也日益加重。继续采用 TDM 技术提高传输速率不仅成本造价高，而且 TDM 灵活性欠缺的缺点将更加显现。

另外，G.652 常规单模光纤，在 1550nm 的工作波段上具有很高的色散，也限制了 TDM 的最高传输速率。当单通道速率达到 STM-64（10Gbit/s）时，需采取色散调节手段，但成本较高。

（4）光器件的迅速发展，促进了 DWDM 的商用化

在光纤通信发展史上，一重要里程碑是掺铒光纤放大器 EDFA 的出现。在此之前，由于不能直接放大光信号，所有的光纤通信系统都只能采用光／电／光（O/E/O）中继方式，即先将光信号变为电信号，在电域内进行信号放大、再生等信息处理，然后再变成光信号在光纤中传输。光纤放大器可直接放大光信号，这就可使光／电／光中继变为全光中继。当作为掺铒光纤放大器泵浦源的 980nm 和 1480nm 的大功率半导体激光器研制成功后，掺铒光纤放大器趋于成熟，进入了商用化阶段，这极大地降低了设备成本，提高了传输质量。这一优越性推动了波分复用技术的发展，且很快商用，成为现代传输手段的主流。

1. 波分复用 DWDM 的定义

波分复用是光纤通信中的一种传输技术，它是利用一根光纤可以同时传输多个不同波长的光载波特点，把光纤可能应用的波长范围划分为若干个波段，每个波段用作一个独立的通道，传输一种预定波长的光信号技术。

DWDM 技术就是为了充分利用单模光纤损耗区（1550nm）带来的巨大带宽资源，根据

每一信道光波的频率或波长不同，将光纤的低损耗窗口划分为若干个信道，把光波作为信号的载波，在发送端，采用波分复用器（合波器）将不同规定波长的信号光载波合并起来送入一根光纤进行传输；在接收端再由一波分复用器（分波器）将这些不同波长承载不同信号的光载波分开。由于不同波长的光载波信号可以看作是互相独立的（不考虑光纤非线性时），从而，在一根光纤中可实现多路光信号的复用传输。

2．DWDM 技术的主要特点

DWDM 技术之所以在近几年能得到迅猛发展，其主要原因是它具有下述特点。

（1）超大容量传输

DWDM 系统的传输容量十分巨大。由于 DWDM 系统的复用光通路速率以 SDH 10Gbit/s 或 2.5Gbit/s 为基本波道速率，而复用光信道的数量可以是 4、8、16、32，甚至更多，因此系统的传输容量可达到几百甚至上千 Gbit/s。这样巨大的传输容量是 TDM 方式根本无法做到的。

（2）节约光纤资源

对于单波长系统而言，1 个 SDH 系统就需要一对光纤，而对于 DWDM 系统来讲，不管有多少个 SDH 分系统，整个复用系统只需要一对光纤就够了。例如，对于 16 个 2.5Gbit/s 系统来说，单波长系统需要 32 根光纤，而 DWDM 系统仅需要两根光纤。节约光纤资源这一特点也许对于市话中继网络并非十分重要，但对于系统扩容或长途干线来说就显得非常可贵。

（3）各通路透明传输、平滑升级扩容方便

在 DWDM 系统中各复用波道通路是彼此相互独立的，所以各光通路可以分别透明地传送不同的业务信号，如语音、数据和图像等，且彼此互不干扰，这不仅给使用者带来了极大的便利，而且为网络运营商实现综合信息传输提供了平台。

当需要扩容升级时，只要增加复用光通路数量与相关设备，就可以增加系统的传输容量，而且扩容时对其他复用光通路不会产生不良影响。DWDM 系统的升级扩容是平滑的，而且方便易行，从而最大限度地保护了建设初期的投资。

（4）充分利用成熟的 TDM 技术

DWDM 技术可以充分利用现已成熟的 TDM 技术，可以把上百个 2.5G、10G、40G 的 SDH 光传输系统作为复用通路进行复用，使传输容量呈上百倍地增加。

（5）利用掺铒光纤放大器（EDFA）实现超长距离传输

EDFA 具有高增益、宽带宽、低噪声等优点，在光纤通信中得到了广泛的应用。EDFA 的光放大范围为 1530～1565nm，但其增益曲线比较平坦的部分是 1540～1560nm，它几乎可以覆盖整个 DWDM 系统的 1550nm 工作波长范围。所以用一个带宽很宽的 EDFA 就可以对 DWDM 系统的各复用光通路的信号同时进行放大，以实现系统的超长距离传输。

（6）对光纤的色散无过高要求

对于 DWDM 系统来讲，不管系统的传输速率有多高、传输容量有多大，它对光纤色度色散系数的要求基本上就是单个复用通路速率信号对光纤色度色散系数的要求。

（7）可组成全光网络

全光网络是未来光纤传送网的发展方向。在全光网络中，各种业务的上下、交叉连接等都是在光路上通过对光信号进行调制实现的，从而消除了 E/O 或 O/E 转换中电子器件的瓶颈。

当 DWDM 系统采用 OADM、OXC 设备时，就可以组成具有高度灵活性、高可靠性、高生存性的全光网络，以适应宽带传送网的发展需要。

二、WDM 系统结构

DWDM 系统的基本结构和工作原理如图 4-30 所示。

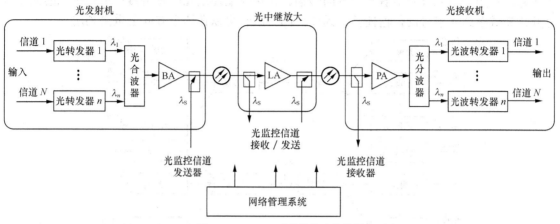

图 4-30　DWDM 系统的基本结构图

光发射机是 DWDM 的核心，它将来自终端设备（如 SDH 端机）输出的非特定波长光信号，在光转器 OTU 处转换成具有稳定的特定波长的光信号，然后利用光合波器将各路单波道光信号合成为多波道通路的光信号，再通过光功率放大器（BA）放大后输出多通路光信号。

光中继放大器是为了延长通信距离而设置的，主要用来对光信号进行补偿放大。为了使各波长的增益是一致的，所以要求光中继放大器对不同波长信号具有相同的放大增益。目前使用最多的是掺铒光纤放大器（EDFA）。

光接收机，首先利用前置放大器（PA）放大经传输而衰减的主信号，然后利用光分波器从主信号中分出各特定波长的各个光信道，再经 OTU 转换成原终端设备所具有的非特定波长的光信号。接收机不但要满足一般接收机对光信号灵敏度、过载功率等参数的要求，还要能承受一定光噪声的信号，要有足够的电带宽性能。

上述提到的功率放大器、线路放大器和前置放大器都可以采用 EDFA 实现。但要明确的是 EDFA 在做 LA 时只能放大信号，而不能使信号再生。由于光路是可逆的，所以光的合波器与分波器可以由一个器件实现，发射端与接收端的光波转换器也可以是同一个器件。由此可见，在 DWDM 系统中实现多波道信号在一根光纤中传输，主要经过 3 个器件，即光转换器（OTU）、光放大器（EDFA）和光的合波/分波器。所以组成 DWDM 设备的主要板卡就是光放大器、光转换器和光合波/分波器

光监控信道主要功能是用于放置监视和控制系统内各信道的传输情况的监控光信号，在发送端插入本节点产生的波长 λ_s(1510nm 或 1625nm)的光监控信号，与主信道的光信号合波输出。在接收端，从主信号中分离出 λ_s(1510nm 或 1625nm）波长的光监控信号。帧同步字节、公务字节和网管所用的开销字节等都是通过光监控信道来传递的。由于 λ_s 是利用 EDFA 工作波段（1530～1565nm）以外的波长，所以 λ_s 不能通过 EDFA。只能在 EDFA 后面加

入，在 EDFA 前面取出。

网络管理系统通过光监控信道物理层，传送开销字节到其他节点或接收来自其他节点的开销字节对 DWDM 系统进行管理，实现配置管理、故障管理、性能管理和安全管理等功能，并与上层管理系统相连。

DWDM 系统有两种基本形式：双纤单向传输和单纤双向传输。

双纤单向传输系统如图 4-31 所示，在发送端将光信号 λ_1、λ_2、…、λ_n 通过合波器组合在一起，利用一根光纤中沿着同一方向传输。在接收端通过光解复用器将不同波长的光信号分开，完成多路光信号的传输任务。因此，同一波长可以在两个方向上重复利用。

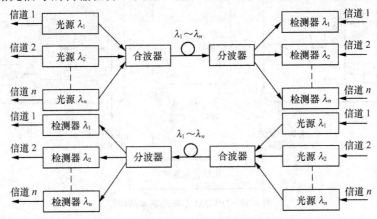

图 4-31　双纤单向 DWDM 传输系统原理图

双纤单向传输的特点如下。

（1）需要两根光纤实现双向传输；

（2）在同一根光纤上所有光通道的光波传输方向一致；

（3）对于同一个终端设备，收、发波长可以占用一个相同的波长。

单纤双向传输 DWDM 系统是指，光通路同时在一根光纤上有两个不同的传输方向，如图 4-32 所示。与双纤单向 DWDM 系统相比，单纤双向 DWDM 系统可以减少光纤和线路放大器的数量。但单纤双向 DWDM 设计比较复杂，必须考虑多波长通道干扰、光反射的影响，另外还需考虑串音、两个方向传输功率电平数值、光监控信号 OSC 传输和自动功率关断等一系列问题。另外，该系统对于同一终端设备的收、发波长不能相同。

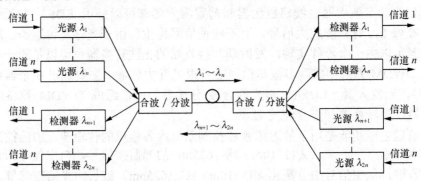

图 4-32　单纤双向 DWDM 传输系统原理图

单纤双向传输的特点如下。

（1）只需要一根光纤实现双向通信；

（2）在同一根光纤上，光波同时向两个方向传输；

（3）对于同一个终端设备，收、发需占用不同的波长；

（4）为了防止双向信道波长的干扰，一是收、发波长应分别位于红波段区和蓝波段区，二是在设备终端需要进行双向通路隔离，三是在光纤信道中需采用双向放大器实现两个方向光信号放大。

三、WDM 波道频率分配

（1）绝对频率参考

绝对频率参考是指 DWDM 系统标称中心频率的绝对参考点。G.692 建议规定，DWDM 系统的绝对频率参考点为 193.1THz，与之相对应的光波长为 1552.52nm。

（2）标称中心频率（标称中心波长）

所谓标称中心频率指的是光波分复用系统中每个通路对应的中心波长对应的频率点。目前国际上规定的通路频率基于参考频率为 193.1THz，最小间隔为 100GHz（利用 C 波段开 40 波）/50GHz（利用 C+L 波段开 160 波）。

（3）光纤的波段划分

根据光纤传输的特征，可以将光纤的传输波段分成 5 个波段，如图 4-33 所示，它们分别是 O 波段（Original Band），波长范围为 1260～1360nm；E 波段（Extended Band），波长为 1360～1460nm；S 波段(Short Band)，波长范围为 1460～1530nm；C 波段（Conventional Band），波长范围为 1530～1565nm；L 波段（Long Band），波长范围为 1565～1625nm。由于 EDFA 工作波段的限制，目前的 WDM 技术主要应用在 C 波段上。

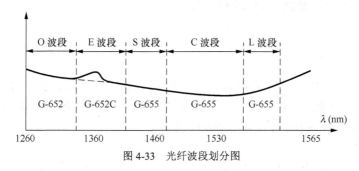

图 4-33　光纤波段划分图

（4）波道频率分配

40 波及 40 波以下的 DWDM 系统各波道频率分配如下：中心频率基于 C 波段，中心频率范围为 192.1THz～196.0THz，通道频率间隔 100GHz。

80 波及以下，40 波以上的 DWDM 系统各波道频率分配如下：中心频率基于 C 波段和 C+波段，其中 C+波段中心频率范围为 192.15THz～196.05THz，波段间隔 100GHz，共 40 波，C 波段 40 波和 C+波段 40 交织复用成 80 波，波段间隔 50GHz。

80 波以上，160 波及以下的 DWDM 系统各波道频率分配如下：中心频率基于 C+L 波段，即上述 C 波段的 80 波加 L 波段的 80 波复用而成。系统内波长分以下 4 个波段。

C 波段：192.1～196.0THz；

C+波段：192.15～196.05THz；

L 波段：187.0～190.90THz；

L+波段：186.95～190.85THz；

标称中心波长是在规定标称中心频率基础上根据公式 $f \times \lambda = C$ 计算所得。

四、DWDM 系统传输总速率

在 WDM 系统中，光纤中传输的总信号速率 B T 为各个波长 λ_i 的信号速率 B_i 之和。即

$$B_T = \sum_{i=1}^{k} B_i。$$

可见，提高系统速率的方法有：一是复用波数越多，系统的总速率越大；二是提高每个波的信号速率 B_i。

【任务实施】

运营商传输机房一般都会有多个厂家的 DWDM 设备，不同厂家生产的 DWDM 设备在系统结构和功能上大致相同，只是要注意不同厂家的 DWDM 设备单板命名上有所不同。即熟悉一两种 DWDM 设备，就可以推而广之认知不同厂家的 DWDM 设备。在此介绍典型的 DWDM 设备中兴 M900。

ZXWM M900 密集波分复用光传输系统（简称 ZXWM M900 或系统）是中兴通讯股份有限公司开发的 DWDM 产品，工作波长位于 1550nm 窗口附近的 C、L 波段，传输容量最高可达到 1600Gbit/s，支持多种业务的接入，保护完善，网络管理功能强大。该系统适用于大容量的光传输，能充分满足不同层次用户的组网和管理要求，可服务于国家和省际干线网、省内干线网、本地交换网以及各种专网。

1. 系统特点

（1）传输容量

DWDM 技术充分利用光纤的巨大带宽（约 25 THz）资源，扩展系统的传输容量。ZXWM M900 设备可提供 80 Gbit/s、320 Gbit/s、400 Gbit/s、800 Gbit/s 直至 1600 Gbit/s 的传输容量，极大地满足未来不断增长的带宽需求。

（2）传输距离

ZXWM M900 通过不同类型的光转发板（OTU）、掺铒光纤放大器（EDFA）、前向纠错（FEC）技术、超强前向纠错（AFEC）技术、归零码（RZ）技术、高饱和功率放大器（HOBA）、分布式 RAMAN 放大器等超长距技术，实现从几公里直至 2000 km 以上的超长无电中继传输。

（3）业务接入类型

ZXWM M900 设备采用开放式设计，利用光/电/光的波长转换技术将接入的光信号转换为符合 G.692 建议的波长信号输出。ZXWM M900 可接入包括 STM-*N*（*N*=1、4、16、64）、POS、GbE、ATM、ESCON、FC 等多种格式的光信号。

（4）组网方式

通过不同单板的组合，ZXWM M900 可构成光终端设备（OTM）、光线路放大设备（OLA）、光分插复用设备（OADM），灵活地组成链型网、星型网、十字型网、环型网等各

种复杂的网络拓扑结构，适用于不同网络布局。

（5）保护功能

ZXWM M900 提供多种有效的保护方式，包括基于光网络层的光通道 1+1 保护、光通道 1:N 保护、光复用段 1+1 保护。保护倒换时间均小于 50 ms。采用 ZXWM M900 的 OADM 设备，在环型网络情况下还可实现通道的共享保护。

（6）时钟分配功能

ZXWM M900 支持强大的时钟管理功能，保证 SDH 信号的时钟精度。

（7）性能监测技术

利用单板的性能监测单元，采集单板的性能数据。性能数据在网管软件 ZXONM E300 中查看。

（8）光功率自动均衡技术（APO）

ZXWM M900 具备完善的功率均衡技术。结合网管软件 ZXONM E300 内嵌的子网级性能优化算法，自动建立并保持系统光性能的优化状态，实现接收端通道功率与光信噪比（OSNR）的均衡，使整个系统性能保持最优。

（9）波长稳定技术

ZXWM M900 采用温度反馈和波长反馈两种方式稳定 OTU 的波长，保证系统长期运行的稳定性。其中，在 50 GHz 波长间隔的系统中，通过集中波长监控子系统（IWF），保证 OTU 的波长稳定在 ±5 GHz 之内。

（10）自适应接收技术（RAC）

接收端根据系统的实际情况，自动选择最佳电平判决点，以获得最佳系统性能。通过采用自适应接收技术，提高信噪比和色散的容忍度，抑制非线性效应，从而改善 DWDM 传输系统的误码性能。

（11）超长距离传输技术

ZXWM M900 采用带外 FEC 技术、AFEC 技术、RZ 码型技术、自适应接收等光源技术，并结合 RAMAN 放大器和大功率 EDFA 两种放大方式，延长线性系统的传输距离。

（12）色散管理技术

在进行 10 Gbit/s 以上长距离传输，或 2.5 Gbit/s 与 10 Gbit/s 速率信号混合长距离传输时，ZXWMM 900 通过色散管理技术，对设备进行宽带色散补偿，实现 G.652/G.655 光纤中的高速长距离传输。

（13）网管软件系统

ZXWM M900 采用的 ZXONM E300 网管系统具有友好、易于操作的用户界面，支持网元层、网元管理层和网络管理层的多层次管理。除具有故障管理、性能管理、安全管理、配置管理、维护管理和系统管理功能以外。

（14）系统结构

ZXWM M900 设备安装在中兴通讯传输设备统一机柜中。该机柜为符合 IEC 标准的 19″ 机柜。为适应不同的机房环境和用户需求，提供多种高度和深度的机柜供用户选择；采用模块化结构设计，所有主光通道单板可以任意混插。

（15）升级能力

通过增加光转发子架和部分单板，实现 40 波及以下的传输系统向 160 波的平滑升级，具有极好的兼容性和扩展性，最大限度地保护用户的投资；具有多机柜管理技术，增加

系统平滑升级的空间。

2．机械结构

ZXWM M900 设备结构件的外形尺寸、重量参数如表 4-9 所示。

表 4-9　　　　　　　ZXWM M900 设备结构件的外形尺寸、重量参数一览表

设备结构件	外 形 尺 寸	重量（kg）
中兴通讯传输设备统一机柜	2000 mm（高）×600 mm（宽）×300 mm（深）	70
	2200 mm（高）×600 mm（宽）×300 mm（深）	80
	2600 mm（高）×600 mm（宽）×300 mm（深）	90
	2000 mm（高）×600 mm（宽）×600 mm（深）	80
	2200 mm（高）×600 mm（宽）×600 mm（深）	90
	2600 mm（高）×600 mm（宽）×600 mm（深）	100
OUT/OA/TMUX 子架	577 mm（高）×482.6 mm（宽）×269.5 mm（深）	25
ODF 插箱	88 mm（高）×482.6 mm（宽）×269.5 mm（深）	2.5
DCM 插箱	43.6 mm（高）×482.6 mm（宽）×269.5 mm（深）	15
SWE 插箱	42 mm（高）×482.6 mm（宽）×222 mm（深）	2.5
电源分配子架	177mm（高）×482.6 mm（宽）×269.5 mm（深）	10
监控插箱	43.6 mm（高）×482.6 mm（宽）×257 mm（深）	2.5
话机托架	132.5 mm（高）×482.6 mm（宽）×269.5 mm（深）	1.5
独立风扇单元	43.6 mm（高）×145 mm（宽）×247.5 mm（深）	1
告警灯板（LED）	155 mm（高）×120 mm（宽）×2 mm（深）	0.5
单板 PCB	320 mm（高）×210 mm（深）	0.5

在 ZXWM M900 的硬件系统中，包括光转发平台、业务汇聚平台、合分波平台、分插复用平台、光放大平台和监控平台。

（1）光转发平台

采用光/电/光的转换方式，完成业务信号与线路信号之间波长的转换。

业务信号支持 STM-N（N=1、4、16、64）标准的 SDH 信号、数据业务信号（如 GE、10GE、FC、FICON、ESCON）。客户侧满足 G957 建议要求。线路侧的信号满足 G692 要求。

（2）业务汇聚平台

将多路低速率信号汇聚到一个波长上传输，并完成其逆过程。低速率信号包括标准的 STM-1、STM-4、STM-16 以及 GE 信号。线路侧最高速率为 12.5 Gbit/s。

（3）合分波平台

合分波平台包括合波和分波两个部分。

合波：将来自光转发平台、业务汇聚平台的多路不同波长光信号耦合到一根光纤合波输出。

分波：将来自光放大平台的线路光信号按照不同的波长信道进行分离，分别送入不同的光转发平台和业务汇聚平台。

对于 40 波及以下波长的传输，ZXWM M900 的合分波在 C 波段或 L 波段上实现，通路间隔 100GHz。

对于 80 波的传输， ZXWM M900 的合分波如果在 C 波段或者 L 波段实现，采用光

梳状滤波器（Interleaver）技术，通路间隔 50 GHz。如果在 C+L 波段实现，通路间隔为 100 GHz。

对于 80 波以上至 160 波的超大容量传输，ZXWM M900 的合分波在 C+L 波段实现，通路间隔 50GHz。

（4）分插复用平台

完成线路光信号固定波长的分插和复用功能。

（5）光放大平台

采用光放大技术对长距离传输光信号进行功率补偿，通常位于合波平台后、分波平台前或者线路传输中间位置。

对于 40 波及以下波长的传输，ZXWM M900 的光放大部分采用 C 波段掺铒光纤放大器（EDFA）或者 C 波段 RAMAN/EDFA 混合放大。

对于 40 波以上至 160 波的超大容量传输，ZXWM M900 的光放大部平台对 C 波段和 L 波段进行分别放大，放大器类型包括 C 波段 EDFA、L 波段 EDFA、C+L 波段 RAMAN/EDFA 混合放大。

（6）监控平台

收集、处理并上报网管各平台配置、告警、性能信息；

接受网管下发的命令并转发至目的单板；

利用指定的监控光通道，传送网管信息。监控通道的波长为 1510 nm 或 1625 nm。监控速率可选 2Mbit/s、10Mbit/s 或 100Mbit/s。

3．单板介绍

ZXWMM900 设备上的单板类型可分为：业务接入部分、合分波部分、功率放大部分和监控部分。

业务接入部分主要应用的单板如下。

（1）10G 的 SDH 信号接入单板：OTU10G2；

（2）连续速率的业务接入单板：OTUC/DSA；

（3）TUMX 单板：SRM41/SRM42；

（4）10G 速率的数据业务单板：GEM2/GEM8 等。

合分波部分主要应用的单板如下。

（1）合波单元：OMU；

（2）预均衡合波单元：VMUX；

（3）分波单元：ODU；

（4）分插复用单元：OADM8/OADM4；

（5）组合分波板：OGMD；

（6）光合分波交织板：OCI；

（7）宽带复用板：OBM。

功率放大部分主要应用的单板如下。

（1）功率放大板：OBA/SDMT；

（2）前置放大板：OPA/SDMR；

（3）中继放大板：OLA；

（4）分布式拉曼放大板：DRA；

（5）遥泵放大板：ROPA。

监控部分主要应用的单板如下。

（1）终端光监控通道：OSCT；

（2）线路光监控通道：OSCL；

（3）光性能检测板：OPM；

（4）光波长检测板：OWM；

（5）开销处理板：OHP；

（6）风扇控制板：FCB；

（7）电源监控板：PWSB；

（8）主控板：NCP。

任务三　PTN 技术应用简介

【任务书】

任务名称	PTN 技术应用简介	所需学时	4
任务目标	能力目标 （1）能认知烽火 PTN C640 设备及单板功能； （2）能根据任务要求进行 SDH 组网物理结构配置。		
	知识目标 （1）掌握 PTN 定义； （2）掌握 PTN 分层； （3）掌握 PTN 关键技术； （4）掌握 PTN 组网方式； （5）掌握烽火 PTN C 640 设备结构。		
任务描述	本任务主要介绍 PTN 技术的定义、分层、关键技术、组网方式等技术原理，以烽火 PTN C 640 设备为例，讲解 PTN 设备的系统结构、单板功能。		
任务实施	通过对 PTN 技术原理、具体设备结构及组网方式的介绍，学生能够掌握 PTN 设备结构及单板性能。		

【知识链接】

SDH/MSTP 以其可靠的传送承载能力、灵活的分插复用技术、强大的保护恢复功能、运营级的维护管理能力，一直在本地网/城域网业务传送中发挥着重大作用，但是 MSTP 的分组处理或 IP 化程度不够"彻底"，其 IP 化主要体现在用户接口（即表层分组化），内核却仍然是电路交换（即内核电路化）。这就使得 MSTP 在承载 IP 分组业务时效率较低，并且无法适应以大量数据业务为主的 3G 和全业务时代的需要。随着 TDM 业务的相对萎缩及"全IP 环境"的逐渐成熟，传送设备需要由现有"以 TDM 电路交换为内核"向"以 IP 分组交换为内核"演进。因此，在业务 IP 化和融合承载需求的推动下，基于分组交换内核并融合传统传送网和数据通信网络技术优势的 PTN 技术，自提出后便获得了快速地发展，成为城域传送网 IP 化演进的主流技术。

一、PTN 技术原理简介

1. PTN 的定义

PTN 即分组传送网是一种以分组作为传送单位，承载电信级以太网业务为主，兼容 TDM、ATM 和 FC 等业务的综合传送技术。

PTN 技术基于分组的架构，继承了 MSTP 的理念，融合了 Ethernet 和 MSTP 的优点，是下一代分组承载的技术。

PTN 是分组（P）与传送（T）的融合，因此存在两种演进方向：一种是由分组向传送演进，产生的技术标准是 PBT 系列的，另一种是由传送向分组演进，产生的技术是 T-MPLS。目前国内设备商和运营商倾向于采用 T-MPLS 技术。

T-MPLS 技术是核心网技术的向下延伸。使用基于 IP 核心网的 MPLS 技术，能简化复杂的控制协议，简化数据平面，增加强大的 OAM 能力、保护倒换和恢复功能；提供可靠的 QoS、带宽统计复用功能。T-MPLS 构建于 MPLS 之上，它的相关标准为部署分组交换传输网络提供了电信级的完整方案。需要强调的是，为了维持点对点 OAM 的完整性，T-MPLS 去掉了那些与传输无关的 IP 功能。

T-MPLS 利用网络管理系统或者动态的控制平面（GMPLS）建立双向标签转发路径（LSP），包括电路层和通道层、电路层仿真客户信号的特征并指示连接特征，通道层指示分组转发的隧道。如图 4-34 所示。

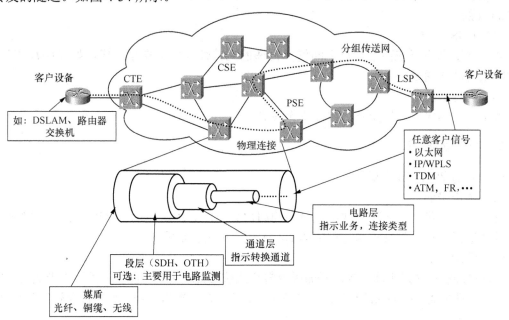

图 4-34　T-MPLS 业务建立

T-MPLS 承载 IP 业务时可分为三种场景，首先是以太网层面上的 P2P/MP2MP 互联互通，IP/MPLS 核心域与 T-MPLS 边缘设备通过以太网接口连接，这是最简单的情况。第二种是在电路/PW 层面互联互通，MPLS 隧道在 T-MPLS 网络边缘被终结，支持 MPLS 的 PW 终结设备与路由器在 T-MPLS 网络中通过一条 TMC 连接互联，MPLS 中的 OAM/生存性机制不能覆盖整条端到端业务。第三种是在通道层面互联互通，T-MPLS 网络汇聚并转发路由器输出的多个 MPLS 通道，相当于透传 MPLS 隧道，从而减轻路由器在网络中直接发送的业务量。

2008 年，ITU-T 和 IETF 两大国际组织联合开发 T-MPLS 和 MPLS 融合，扩展为 MPLS-TP 技术。从 T-MPLS 到 MPLS-TP 基本出发点是简化 MPLS 的分组转发机制，消除复杂的控制及信令协议，同时开发传输层的 OAM。MPLS-TP 的架构沿用了 T-MPLS 的理念，同样是基于 MPLS 的标准帧格式，去掉不利于端到端传送的功能，增加 OAM、保护机制和清晰的智能控制面。

MPLS-TP 可以较好地满足无线基站回传、高品质数据业务，以及企事业专线/专网等运营级业务需求。

2．PTN 分层

PTN 大致可分为以下 4 层。

（1）TMC 通道层

为客户提供端到端的传送网络业务，表示业务的特性，如连接的类型、拓扑类型（点到点、点到多点、多点到多点）及业务的类型等，也叫 PW 层。

（2）TMP 通路层

提供传送网络通道，将一个或多个客户业务汇聚到一个更大的隧道中，以便于传送网实现更经济有效的传送、交换、OAM、保护和恢复，表示端到端的逻辑连接的特性，也叫 Tunnel 层。

（3）TMS 段层

主要保证通道层在两个节点之间信息传递的完整性，表示物理连接，如 SDH、OTH、以太网或者波长通道。

（4）物理媒质层

表示传输的媒质，如光纤、铜缆或无线等。

3．PTN 功能平面

PTN 可分为以下 3 个层面。

（1）传送平面

传送平面提供两点之间的双向或单向的用户分组信息传送，也可以提供控制和网络管理信息的传送，并提供信息传送过程中的 OAM 和保护恢复功能。

（2）管理平面

管理平面执行传送平面、控制平面以及整个系统的管理功能，同时提供这些平面之间的协同操作。管理平面执行的功能包括：性能管理、故障管理、配置管理、计费管理和安全管理。

（3）控制平面

控制平面由提供路由和信令等特定功能的一组控制元件组成，并由一个信令网络支撑。控制平面元件之间的互操作性以及元件之间通信需要的信息流可通过接口获得。控制平面的主要功能包括：通过信令支持建立、拆除和维护端到端连接的能力，通过选路为连接选择合适的路由，自动发现邻接关系和链路信息，发布链路状态信息以支持连接建立、拆除和恢复。

二、PTN 关键技术

1. 综合业务统一承载技术——PWE3

PWE3 技术是一种业务仿真机制，希望以尽量少的功能，按照给定业务的要求仿真线路。支持 TDM E1/ IMA E1/ POS STM-*n*/ chSTM-*n*/FE/GE/10GE 等多种接口。

PWE3 仿真技术对 PTN 设备的转发时延要求非常高，如果 PTN 网络的时延很大，过了很长的时间末端设备还未接收到报文，就会导致在末端设备还原出来的业务存在误码。

2. 端到端层次化 OAM

MPLS-TP 建立端到端面向连接的分组的传送管道，该管道可以通过网络管理系统或智能的控制面建立，该分组的传送通道具有良好的操作维护性和保护恢复能力。

3. 端到端层次化 QoS

PTN 支持层次化 QoS，每个层面分别提供一定的 QoS 机制，满足全业务传送的带宽统计复用。具体如下。

客户层：实现流分类、接入速率控制、优先级标记。

TMC 层：客户优先级到 TMC 优先级映射，带宽管理，TMC EXP 优先级调度。

TMP 层：TMC 优先级到 TMP 优先级映射，带宽管理，TMP EXP 优先级调度。

此外，TMPLS 网管系统一般提供各层面 QoS 的核查，即 CAC（连接接入控制）。

4. 全程电信级保护机制

全程电信级保护机制如图 4-35 所示。

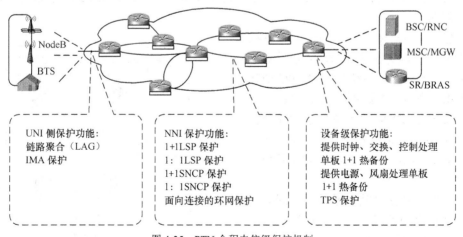

图 4-35　PTN 全程电信级保护机制

5. 时间同步技术——IEEE 1588v2

IEEE 1588v2 技术采用主从时钟方案，对时间进行编码传送，时戳的产生由靠近物理层的协议层完成，利用网络链路的对称性和时延测量技术实现主从时钟的频率、相位和绝对时间的同步。

三、PTN 组网应用模式

1. PTN+OTN

该应用模式适用于大型城市城域网建设，组网结构如图 4-36 所示。

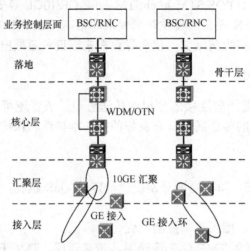

图 4-36　PTN+OTN 组网应用模式

接入层：负责基站（含室内分布）、集团客户、营业厅和家庭客户的接入，采用 GE 速率组网，网络拓扑为单环或者采用双节点跨接等方式，少量不容易建立双物理路由的接入节点，也可考虑组成链形结构，考虑带宽和安全性因素，环路节点数一般不超过 10 个节点。

汇聚层：PTN 设备组建 10GE 环，与接入层网络和骨干层 OTN 网络相交，完成业务的汇聚和收敛功能。

骨干层：由 OTN 设备和 PTN 设备构成，一般在核心机房新建 PTN 大容量业务终端设备，通过 OTN 系统提供的 10GE/GE 通道与汇聚层 PTN 设备对接（NNI 接口），终结业务骨干层 PTN 设备主要起到业务落地和局间调度的功能，PTN 与 RNC 采用 GE 光口连接（UNI 接口）与各类业务设备对接。

不同的网络层面之间或者两环之间宜采用双节点互联组网模式，确保在单节点故障时，不同的网络层面或者两环之间尚可通信，以保证网络的安全性。

业务控制层面　BSC/RNC　BSC/RNC
落地
骨干层
核心层　PTN
汇聚层　10GE 汇聚
接入层　GE 接入环　GE 接入环

图 4-37　纯 PTN 组网应用模式

2. 纯 PTN 组网模式

该应用模式适用于中小型城市城域网建设，组网结构如图 4-37 所示。

【任务实施】

运营商传输机房一般都会有多个厂家的 PTN 设备，不同厂家生产的 PTN 设备在系统结构和功能上大致相同，只是要注意不同厂家的 PTN 设备单板命名上有所不同。即熟悉一两种 PTN 设备，就可以推而广之认知不同厂家的 PTN 设备。在此介绍典型的 PTN 设备烽火 C640。

CiTRANS 600 系列 PTN 产品是基于 MPLS-TP 技术构建完善的多业务传送平台。它以分组交换为内核，交叉容量覆盖能力为 5G～320G，满足城域网不同层次建网需求；可接入 10GE、GE、FE 等数据业务，采用 PWE3 技术实现 TDM 等业务的接入，实现多业务、多速率的传送，辅以完善的 OAM、齐全的 QoS 功能、精准的时间同步机制。它将以太网的灵活性与传送网的高可靠性、安全性有机地结合起来，实现电信级业务传送。

CiTRANS 640 是一款基于 MPLS-TP 技术并可兼容 PBB-TE 技术的多业务光传送平台，它以分组交换为内核，交叉容量大小为 50G/90G。接入 10GE、GE、FE 等数据业务，并采用 PWE3（Pseudo Wire Emulation Edge-to-Edge）技术实现 TDM 等业务的接入，实现多业务、多速率的传送，辅以完善的 OAM 和齐全的 QoS 机制。它将以太网的灵活性与传送网的高可靠性、安全性有机地结合起来，实现电信级业务传送。CiTRANS 640 设备主要定位于 PTN 网络边缘接入和小型汇聚点，可应用基站、大客户等接入节点，也可实现对边缘接入层 CiTRANS 620 设备的业务汇聚。

CiTRANS 640 设备具有如下技术特点。

（1）4U 高，可安装于 300mm 深机柜；

（2）可提供强大的组网能力，丰富的全业务接口，完善的可靠性设计和电信级 OAM 功能；

（3）提供 50G/90G 两种分组交换容量；

（4）支持 FE/GE/10GE 全速率的以太网业务，支持分组业务组播，支持层次化 QoS，可提供 10GE 线路接口，最大支持 20 个 GE 接口，最大可提供 64 个 FE 接口；

（5）支持 TDM 业务的处理，最大可提供 64 个 E1 业务、16 个 STM-1/4 的 SDH 业务接口；

（6）系统可实现 FE、E1 单盘的 TPS 保护，可提供线性 1+1 和 1:1 的路径保护，还可提供环回（Wrapping）和转向（Steering）的环网保护；

（7）提供频率同步和 IEEE 1588V2 时间同步功能；

（8）支持 MSTP 前向兼容，提供 MSTP 带环能力，充分融合现网资源；

（9）支持分布式智能平台，可升级到基于分组的智能光网络；

（10）支持 DC-48V、AC220V 两种供电方式。

1．机械结构

CiTRANS 640 设备外观如图 4-38 所示。

图 4-38　CiTRANS 640 设备外观示意图

CiTRANS 640 机械结构特点如下。

（1）设备所有出现连纤采用前操作方式；

（2）设备一共6层；

（3）左右结构；

（4）单盘横插；

（5）系统可用槽位数12，其中业务槽位数8；

（6）设备高度小于4U；

（7）能放置于300mm深19英寸宽的机架内；

（8）能带弯角转接组件兼容放置于SDH(21英寸)机架内；

（9）所有单盘PCB尺寸均约为180mm×210mm。

CiTRANS 640 功能子框，前面板出线，适用 300 mm 深机柜。子框结构横插式结构，共有 12 个机盘槽位，其中业务槽位为 8 个，分别为 10、11、14、15、16、17、18、19 槽位。子框左部为大功率智能风扇，可根据设置的温度界限采用不同的转速。CiTRANS 640 业务盘按照接入的速率分为：E1 接口盘、STM-1 接口盘、FE 接口盘、GE 接口盘、10GE 接口盘。8 个业务槽位只有 14、15 槽位分别有六个内口，其他的槽位都只有两个内口。

2. 单盘介绍

CiTRANS 640 设备的单盘槽位如图 4-39 所示。

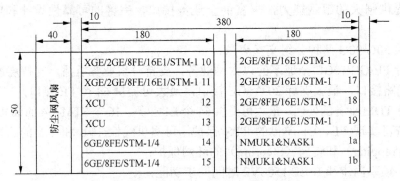

图 4-39 CiTRANS 640 设备单盘槽位分布图

（1）NMUK1 盘

CiTRANS 640 设备的网元管理盘只插在 1A 和 1B 槽位。

CiTRANS 640 设备的网元管理盘代表管理系统对设备进行配置管理、故障管理、性能管理和安全管理并存储设备的管理信息。可以处理所有业务槽位 MCC 信息。实现对环境和状态的监控，主要包括温度、风扇和电源状态等。

CiTRANS 640 设备的信令控制盘运行 ASON 控制平面软件，完成控制平面的功能，实现设备智能特性，具备带宽的动态分配管理，具有网络的自动拓扑发现，端到端业务的自动配置，提供流量工程控制，全网流量均衡，提高带宽利用率，提供分布式的 MESH（网格）组网保护等功能。

由于结构的原因，CiTRANS 640 设备的电源接口也集成到了网元管理盘上，所以要注意不能带电拔插。

（2）以太网业务盘

以太网业务盘单板信号在盘内先对数据流进行包分类、标签处理、队列整理、流量整形等处理，然后通过核心交换单板，从背板经交叉盘和其他接口板相连接，同一接口板或不同接口板的任意端口业务可以实现无阻塞交换。以太网业务盘分为 XGE、GE 和 FE 三种。

① XGE 盘

现在 XGE 盘只有 XSK1 一种，XSK1 盘一般作为群路盘使用插在 10、11 槽位，XSK1盘有只有一个外口，分别对应 10、11 槽位的第一个内口。XSK1 盘的容量为 10G。

② GE 盘介绍

GE 盘分为 GSK1、GSK2 和 GSK3 三种盘。

GSK1 盘只能插在 14、15 槽位。14、15 槽位分别有 6 个内口，GSK1 盘有 4 个外口，依次对应 14、15 槽位的前四个内口。

GSK2 盘能插在所有的 8 个业务盘槽位。GSK2 盘有 2 对外口，插 14、15 槽位时对应的是 14、15 槽位的前两个内口，插在其他业务槽位时对应其相应的两个内口。

GSK3 盘能插在所有的 8 个业务盘槽位，GSK3 盘只有一个外口，对应所插业务槽位的第一个内口。

③ FE 盘

FE 盘分为 ESK1 盘和 ESK2 盘。ESK1 为八口电口盘，ESK2 为八口光口盘。ESK1 和ESK2 都可以插在所有的业务槽位，对应的是其所插槽位的第一个内口。

（3）TDM 业务盘

CiTRANS 640 设备的 TDM 业务接口盘分为 E1 盘、STM-1 盘和 STM-4 盘三种，将 E1/STM-1/STM-4 数据流仿真进在分组传送网络，实现在 PTN 网络上的传送。提供标准的 E1 接口和 STM-1/STM-4 接口，提供低延时传送，满足实时业务需求。并支持结构化和非结构化两种仿真方式。

（4）时钟交叉盘（XCUK1 盘）

CiTRANS 640 设备的交叉时钟盘为 CiTRANS 640 设备的核心交换单元，实现业务交换和时钟定时两方面的功能。

交叉部分由支持 50G/90G 容量的交叉芯片完成，实现无阻塞的端口业务交换。提供差异性的服务，对不同的业务完成不同级别的网络级保护，完成 1+1 或 1:1 线性保护和环网Wrapping 保护，对实时业务的保护恢复时间小于 50ms。

时钟单元为整个系统提供定时信号，它具有跟踪工作、保持工作和自由振荡工作模式，可跟踪外参考时钟、支路提取时钟和线路提取时钟。

XCUK1 盘只能插在 12、13 槽位。

3. CiTRANS 640 生存性保护

CiTRANS 640 的生存性保护能力分为设备级保护和网络级保护。

（1）设备级保护

a．电接口单元（E1/FE）1:N 的 TPS 保护

b．CiTRANS 640 设备支持多种 TPS 保护方式组合，实现 E1 或 FE 电接口单种业务的1:N（$N \leqslant 2$）盘保护。

c．1:1 保护：10 槽位保护 18 槽位，11 槽位保护 19 槽位；

d．1:2 保护：10 槽位保护 18 和 19 槽位（优先保护 18）或者 11 槽位保护 18 和 19 槽位

（2）关键功能模块冗余 1+1 热备份保护

a．时钟交叉盘 1+1 热备份保护；

b．电源接口盘 1+1 热备份保护；

c．设备管理盘（NMU）1+1 热备份保护；

d．3 组智能风扇，独立工作。

（3）网络级保护

CiTRANS 640 系列支持 G.8131 定义的 1+1 和 1:1 线性路径保护和 G.8132 定义的环网（Wrapping）保护。

其中线性保护倒换包括单向 LSP1+1 路径保护、双向 LSP1：1 路径保护、单向线路 1+1 保护、单向线路 1:1 保护等。

CiTRANS 640 系统支持独立成环的环网（Wrapping）保护，也支持与 CiTRANS 660 的环网保护。

4．CiTRANS 640 系统参数及注意事项

NMUK1 盘严禁电源前出线带电拔插，避免电源短路。

a．业务盘严禁插槽 12、13，避免损坏背板和单盘。

b．XCUK1 盘严禁插槽 10、11、14~1B，避免损坏背板和单盘。

c．风扇单元不在或不工作严禁系统长期上电，避免温度过高烧坏单盘。

d．系统运输各单盘需拧紧固定螺钉，避免单盘滑动。

e．系统需保证有 NNI 接口的线路盘方能远程上网管，避免无法远程上网管。

f．注意防尘网的定期清洗，确保系统散热的需要。

g．因为集中式系统，注意系统反应时间方面会比以往系统反应时间要慢些，操作方面请保持 2 分钟以上再操作下一步。

任务四 OTN 技术应用简介

【任务书】

任务名称	OTN 技术应用简介		所需学时	4
任务目标	能力目标 （1）能认知中兴 OTN M820 设备及单板功能； （2）能根据任务要求进行 OTN 组网物理结构配置；			
	知识目标 （1）掌握 OTN 定义； （2）掌握 OTN 分层； （3）掌握 OTN 关键技术； （4）掌握 OTN 组网保护； （5）掌握中兴 OTN M900 设备结构。			
任务描述	本任务主要介绍 OTN 技术的定义、分层、关键技术、组网方式等技术原理，以中兴 OTNM 900 设备为例，讲解 OTN 设备的系统结构、单板功能。			
任务实施	通过对 OTN 技术原理、具体设备结构及组网方式的介绍，使读者能够掌握 OTN 设备结构及单板性能。			

一、OTN 的定义

OTN 即光传送网，是以 WDM 波分复用技术为基础、在光层组织网络的传送网，是下一代的骨干传送网。

OTN 为 G.872、G.709、G.798 等一系列 ITU-T 建议所规范的新一代光传送体系，通过 ROADM 技术、OTH 技术、G.709 封装和控制平面的引入，将解决传统 WDM 网络无波长/子波长业务调度能力、组网能力弱、保护能力弱等问题。

可以说 OTN 将是未来最主要的光传送网技术，同时随着近几年 ULH（超长跨距 DWDM 技术）的发展，使得 DWDM 系统的无电中继传输距离达到了几千公里。

ULH 的发展与 OTN 技术的发展相结合，将可以进一步扩大 OTN 的组网能力，实现在长途干线中的 OTN 子网部署，减少 OTN 子网之间的 O/E/O 连接，提高 DWDM 系统的传输效率。

OTN 具有以下特点。

（1）建立在 SDH 的经验之上，为过渡到下一代网络指明了方向。

（2）借鉴并吸收了 SDH 的分层结构、在线监控功能、保护、管理功能。

（3）可以对光域中光通道进行管理。

（4）采用 FEC 技术，提高了误码性能，增加了光传输的跨距。

（5）引入了 TCM 监控功能，一定程度上解决了光通道跨多自治域监控的互操作问题。

（6）通过光层开销实现简单的光网络管理（业务不需要 OEO 转换即可取得开销）

（7）统一的标准，方便各厂家设备在 OTN 层互连互通

OTN 与 SDH 的主要区别如下。

（1）OTN 与 SDH 传送网主要差异在于复用技术不同，但在很多方面又很相似，例如，都是面向连接的物理网络，网络上层的管理和生存性策略也大同小异。

（2）由于 DWDM 技术独立于具体的业务，同一根光纤的不同波长上接口速率和数据格式相互独立，使得运营商可以在一个 OTN 上支持多种业务。OTN 可以保持与现有 SDH 网络的兼容性。

（3）SDH 系统只能管理一根光纤中的单波长传输，而 OTN 系统既能管理单波长，也能管理每根光纤中的所有波长。

二、OTN 关键技术

1. G.709 帧结构

OTN 帧格式与 SDH 的帧格式类似，通过引入大量的开销字节来实现基于波长的端到端业务调度管理和维护功能。业务净荷经过 OPU（光通路净荷单元）、ODU（光通路数据单元）、OTU（光通路传送单元）三层封装最终形成 OTUk 单元，在 OTN 系统中，以 OTUk 为颗粒在 OTS（光传输段）中传送，而在 OTN 的 O/E/O 交叉时，则以 ODUk 为单位进行波长级调度。

相比与 SDH 帧结构，G.709 的帧结构要更为简单，同时开销更少。由于不需要解析到净荷单元，所以 OTN 系统可以较容易地实现基于 ODUk 的交叉。同时 OTUk 的开销中有一大部分是 FEC 部分，通过引入 FEC，OTN 系统可以支持更长的距离和更低的 OSNR 的应用，从而进一步提升网络生存能力和数据业务的 QoS。

（1）OTU 帧结构

OTU 帧结构如图 4-40 所示。

OTU 根据速率等级分为 OTUk（k=1，2，3），OTU1 就是 STM-16 加 OTN 开销后的帧结构和速率，OTU2 是 STM-64 加 OTN 开销后的帧结构和速率，OTU3 就是 STM-256 加 OTN 开销后的帧结构和速率。注意，这里的开销包括普通开销和 FEC。

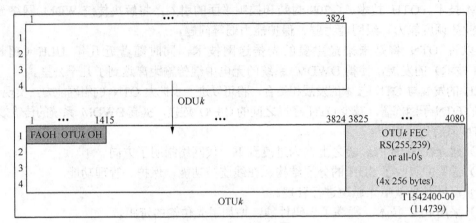

图 4-40　OTU 帧结构

OTUk 帧的长度是定长的，以字节为单位，共 4 行 4080 列，总共有 4×4080=16320 字节。OTUk 帧在发送时，按照先从左到右，再从上到下的顺序逐个字节发送，在发送一个字节时先发送字节的 MSB，最后发送字节的 LSB。字节的结构如表 4-10 所示，最左边的位为 MSB。

表 4-10　　　　　　　　　字节中 MSB 和 LSB 的定义

Bits1	Bits2	Bits3	Bits4	Bits5	Bits6	Bits7	Bits8
MSB							LSB

OTUk 还包含了两层帧结构，分别为 ODU 和 OPU，他们之间的包含关系为 OTU>ODU>OPU，OPU 被完整包含在 ODU 层中，ODU 被完整包含在 OTU 层中。OTUk 帧由 OTUk 开销，ODUk 帧和 OTUk FEC 三部分组成。ODUk 帧由 ODUk 开销，OPUk 帧组成，OPUk 帧由 OPUk 净荷和 OPUk 开销组成，从而形成了 OTUk-ODUk-OPUk 这三层帧结构。

（2）ODUk 的帧结构

ODUk 的帧结构由两部分组成，分别为 ODUk 开销和 OPUk 帧，如图 4-41 所示。OPUk 帧将在（3）OPUk 的帧结构中介绍。这里介绍 ODUk 的开销。

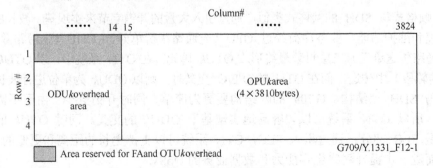

图 4-41　ODUk 的帧结构

ODUk 的开销占用 OTUk 帧第 2、3、4 行的前 14 列。第一行的前 14 列被 OTUk 开销占据。ODUk 开销主要由三部分组成，分别为 PM（Path Monitering）和 TCM（Tandem Connection Monitoring）和其他开销。

（3）OPUk 的帧结构

OPUk 用来承载实际要传输的用户净荷信息，由净荷信息和开销组成。开销主要用来配合实现净荷信息在 OTN 帧中的传输，即 OPUk 层的主要功能就是将用户净荷信息适配到 OPUk 的速率上，从而完成用户信息到 OPUk 帧的映射过程。

OPUk 的帧结构如图 4-42 所示，是一个字节为单位的长度固定的块状帧结构，共 4 行 3810 列，占用 OTUk 帧中的列 15 至列 3824。

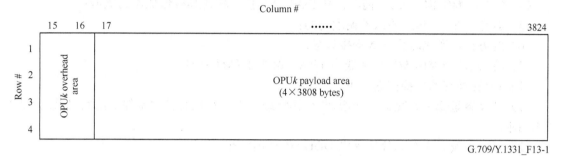

图 4-42　OPUk 的帧结构

OPUk 帧由两部分组成，OPUk 开销和 OPUk 净荷。最前面的两列为 OPUk 开销（列 15 和列 16），共 8 字节，列 17 至列 3824 为 OPUk 净荷。OPUk 开销由 PSI 和控制级联（concatenation）和映射（mapping）等的相关开销组成。

2. 基于光层交叉的 ROADM

ROADM 是 OTN 采用的一种较为成熟的光交叉技术。ROADM 是相对于 DWDM 中的固定配置 OADM 而言，其采用可配置的光器件，从而可以方便的实现 OTN 节点中任意波长的上下和直通配置。

ROADM 的主要优点如下。

（1）可远程重新配置波长上下，降低运维成本；

（2）支持快速业务开通，满足波长租赁业务；

（3）可自由升级扩容，实现任意波长到任意端口上下；

（4）可实现波长到多个方向，实现多维度波长调度；

（5）支持通道功率调整和通道功率均衡。

目前 ROADM 存在的主要问题如下。

（1）距离：传输距离可能受到色散，OSNR 和非线性等光特性的限制，这一个问题在 40G 存在的情况下尤其严重，适用于大颗粒业务，无法支持子波长调度；

（2）排它性：不支持多厂家环境、不支持多规格网络（如 100GHz、50GHz 规格不能混合组网）、不支持小管道聚合成大管道应用；

（3）保护：倒换速度太慢，只能做业务恢复用（不能用做业务保护）；

（4）波长冲突：在大网络中非常严重，导致网络资源分配的难度增加，不得不采用轻载的方式解决问题。

3．OTN 关键技术-基于电层交叉的 OTH

OTH 主要指具备波长级电交叉能力的 OTN 设备，其主要完成电层的波长交叉和调度。交叉的业务颗粒为 ODUk（光数据单元），速率可以是 2.5G、10G 和 40G。

OTH 的主要优点如下。

（1）适用于大颗粒和小颗粒业务；

（2）支持子波长一级的交叉；

（3）O-E-O 技术使得传输距离不受色散等光特性限制；

（4）ODUk 帧结构比 SDH 简单，和 SDH 交叉技术相比具有低成本的优势；

（5）具有与 SDH 相当的保护调度能力；

（6）业务接口变化时只需改变接口盘；

（7）将 OTU 种类由 $M \times N$ 降低为 $M+N$，减少了单盘种类。

目前 OTH 面临的主要问题如下。

（1）交叉容量低于光交叉，一般在 T 比特级以下，在现有技术条件下做到 T 比特以上较为困难；

（2）目前还没有交叉芯片能提供 ODUk 的开销检测；

（3）ODU1 中没有时隙，无法实现更小颗粒业务（如 GE）的交叉。

三、OTN 设备结构模型

OTN 设备模型如图 4-43 所示。

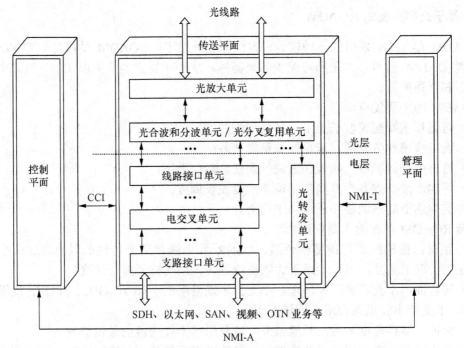

图 4-43　OTN 设备结构框图

OTN 主要由传送平面、管理平面和控制平面组成。

控制平面负责搜集路由信息，并计算出业务的具体路由；控制平面对应实体即具备控制平面功能的相关单板。通过加载控制平面将能够实现资源的自动发现、自动端到端的业务配置，并能提供不同等级的 QoS 保证，使业务的建立变得灵活而便捷，由其构建的网络为基于 OTN 的智能光网络（ASON）。

传送平面可分为电层和光层，电层包括支路接口单元、电交叉单元、线路接口单元和光转发单元，主要完成子波长业务的交叉调度，而光层包括光分插复用单元（或光合波和分波单元）及光放大单元，主要完成波长级业务的交叉调度和传送，电层和光层共同完成端到端的业务传送。

管理平面提供对传送平面、控制平面的管理功能以及图形化的业务配置界面，同时完成所有平面间的协调和配合。管理平面的实体即网管系统，能够完成 M.3010 中定义的管理功能，包括性能管理、故障管理、配置管理、安全管理等。

三个平面协同工作，共同实现智能化的业务传送。

四、OTN 组网保护

OTN 目前可提供如下几种保护方式。

（1）光通道 1+1 波长保护，如图 4-44 所示。

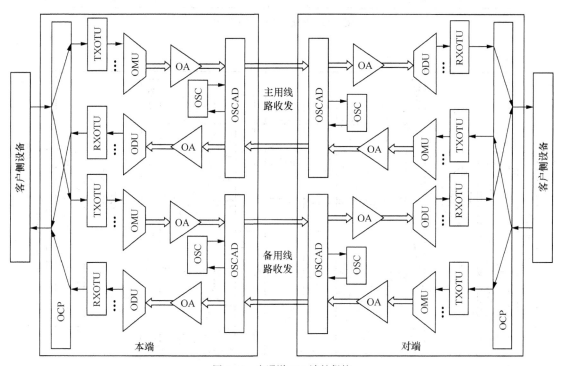

图 4-44　光通道 1+1 波长保护

（2）光通道 1+1 路由保护，如图 4-45 所示。

（3）1+1 光复用段保护，如图 4-46 所示。

（4）光线路 1:1 保护，如图 4-47 所示。

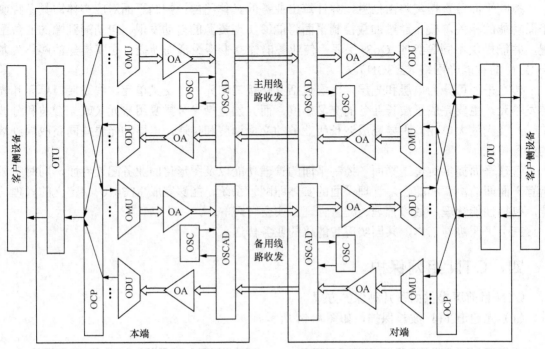

图 4-45 光通道 1+1 路由保护

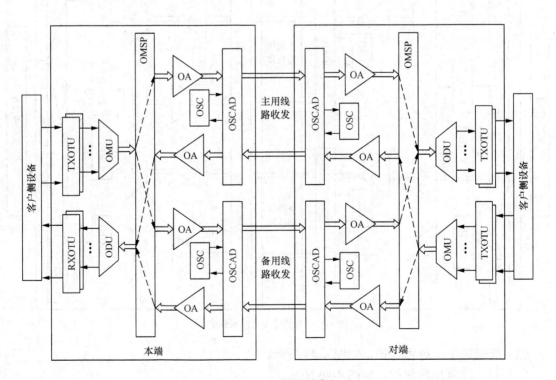

图 4-46 1+1 光复用段保护

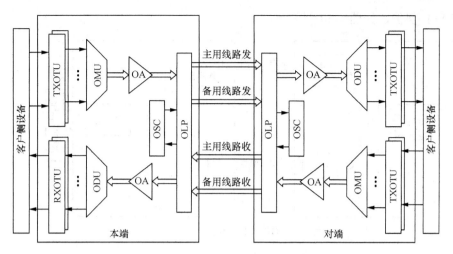

图 4-47　光线路 1:1 保护

（5）OCh 1+1 保护，如图 4-48 所示。

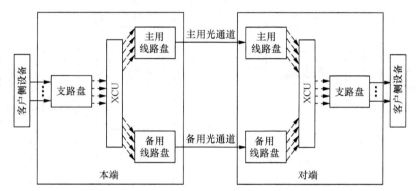

图 4-48　OCh 1+1 保护

（6）OCh 1:2 保护，如图 4-49 所示。

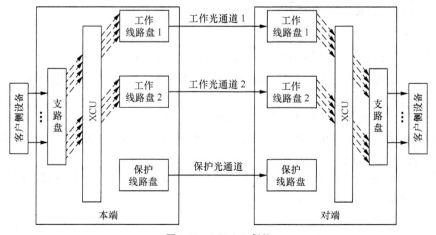

图 4-49　OCh 1:2 保护

（7）ODUk 1+1 保护，如图 4-50 所示。

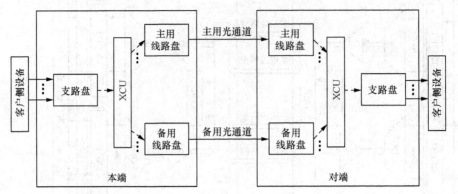

图 4-50　ODUk 1+1 保护

（8）ODUk 1:2 保护，如图 4-51 所示。

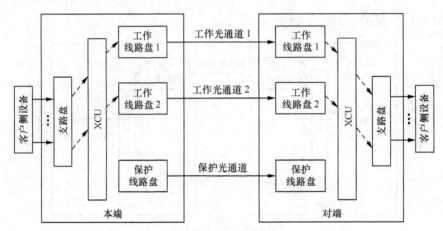

图 4-51　ODUk 1:2 保护

五、OTN 功能引入策略

（1）接口方面

混合网络：扩容、补网仍然采用原 OTU 单板，采用原有方式实现互联互通。

新建网络：波分线路侧采用 OTN 接口，使用 OTN 接口实现网络互联互通。

（2）交叉调度

采用光电混合交叉设备实现波长和子波长级别的业务调度。

光层调度：采用 ROADM 技术。首先环内动态光通道调度功能，逐步实现复杂网络拓扑环间业务动态调度功能。

电层调度：首先在城域网中引入小容量调度设备，逐步在城域骨干和干线层引入 G/T 级别的大容量设备。

（3）控制层面

加载在 OTN 设备的 GMPLS 控制层面目前还不成熟，需要进一步跟踪。

OTN 技术在各级网络上的组网建议如下。

（1）一干的设备形态以 OTM+OADM+OLA 为主，2 维 ROADM 有一定潜在需求，关注低成本，一干对 OTH 有一定需求，但是大部分供应商的产品目前还达不到其应用的容量要求。

（2）二干的设备形态同国家干线，所不同的是 ROADM 会有一定需求，OTH 容量要求小些。

（3）城域网，城域核心应用以波分应用为主，包括 ROADM，OTH 部分主要是子波长业务的汇聚功能为主，调度功能为辅，同时实现灵活的业务保护。随着全业务发展，OTN 网络会延伸到城域汇聚层。

【过关训练】

一、填空题

1．SDH 核心特点是：_____、_____、强大的网络管理能力。

2．STM-N 的段开销由 N 个 STM-1 段开销按字节间插同步复用而成，但只有_____个 STM-1 的段开销完全保留，其余 STM-1 的段开销仅保留_____字节和 3 个_____字节，其他的字节全部省略。

3．虚容器 VC 可分为低阶 VC 和高阶 VC。我国采用的_____、_____都是低阶 VC，_____为高阶 VC。

4．SDH 设备常见网元类型有：_____、_____、_____和数字交叉连接设备 DXC 四种。

5．MSTP 是指基于_____的平台，实现 TDM、ATM 及_____业务的接入处理和传送，并提供统一网管的多业务综合传送技术。

6．在 MSTP 承载以太网业务的封装和映射过程中将_____、_____和链路容量调整方案 LCAS 等关键技术结合起来，可以使 MSTP 网络很好地适应数据业务的特点，具有带宽的灵活性，提高带宽利用效率。

7．按信号的复用方式，光纤通信系统提高传输容量的方法有：空分复用（SDM）、（光时分复用（OTDM））、_____、_____和光码分复用（OCDMA）。

8．根据光纤传输的特征，可以将光纤的传输波段分成 5 个波段，它们分别是 O 波段，E 波段、S 波段、_____波段、_____波段。

9．PTN 分层可分为_____、_____、_____和物理媒质层。

10．OTN 业务净荷经过_____、_____、OTU（光通路传送单元）三层封装最终形成 OTUk 单元，在 OTN 系统中，以_____为颗粒在 OTS（光传输段）中传送，而在 OTN 的 O/E/O 交叉时，则以_____为单位进行波长级调度。

二、名词解释

1．SDH

2．C

3．网络保护

4．网络恢复

5．WDM

6．标称中心频率

7．PTN

8．PWE3

9. OTN

10. ROADM

三、简答题

1. 画出 SDH 帧结构。

2. 写出 2M 支路信号映射复用成 STM-N 的过程。

3. 画出 WDM 系统结构图。

4. 写出 WDM160 波分系统的波道频率分配情况。

5. 比较 OTN 与 SDH 的区别。

6. 画出 OTN 帧结构。

四、操作题

对 SDH、WDM、PTN 进行物理网络组网配置。

1. 根据任务要求，配置组网所需单板，并将单板插入相应槽位，并画出各站点单板配置框图。

2. 在设备与 ODF 架之间、ODF 架与 ODF 架之间进行线缆连接，并在每根线缆上制作好标签。

3. 运用各类仪表、工具进行设备调测（光功率测试和 2M 误码测试）。

（1）光功率测试记录（选择某站点进行收发功率测试）。

（2）2M 误码测试记录（选择某 2M 通道进行误码测试）。

【项目导入】本项目以华为 OptiX 2500+ 光传输设备为例,介绍机房的布局,设备的各个组成部分;认识主要厂家生产的 SDH 设备、列头柜、ODF、DDF 设备;掌握光纤通信系统工程关于再生段距离的计算。

任务一 机房设备整体认知

【任务书】

任务名称	机房设备整体认知	所需学时	6
任务目标	能力目标 (1)能够根据日常作业计划,对机房环境、光传输设备有清晰的了解; (2)能了解设备的硬件安装; (3)能够按照机房管理标准化细则,保证机房环境整洁,物流有序; (4)能够识别、插拔和清洁尾纤。		
	知识目标 (1)掌握 OptiX 2500+ 光传输设备组成; (2)掌握设备的安装与布线; (3)掌握 DDF 和 ODF 架结构; (4)掌握光纤调度的流程。		
任务描述	本任务主要介绍 OptiX 2500+ 光传输设备组成,安装和机房的注意事项,使读者对机房有个初步的认识,为今后从事传输工作奠定一定的基础。		
任务实施	(1)能够描述 DDF 和 ODF 架结构及其应用; (2)识别、插拔和清洁 ODF 架上的尾纤。		

【知识链接】

常见的骨干传输设备一般以子框为基本物理单元,子框安装在机架中,机架为子框提供电源、告警、风扇等公用模块,而子框根据里面的配置不同可分为复用单元和线路单元,随着设备集成度的提高,同一个子框里可以把复用单元、线路单元放在一起,配成一个或多个传输系统。从逻辑上讲,一个传输系统可分为支路单元、线路单元、时钟单元、告警单元等部分,其中支路单元接用户业务,线路单元接光缆线路,而时钟单元、告警单元则提供公用功能。在传输机房里,配套的传输设备还有 DDF 架、ODF 架,DDF 架用于用户中继与传输电路间的跳接,ODF 架用于传输线路单元与光缆外线之间的跳接,如图 5-1 所示。

图 5-1　传输机房的传输设备

本章以华为 OptiX 2500+ SDH 设备为例予以介绍。

一、设备的组成

OptiX 2500+ 光传输设备组成包括机柜、子架、风扇子架、转接架、电路板。设备的组成如图 5-2 所示。

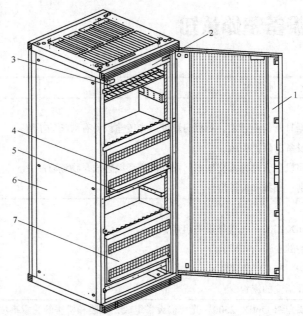

1—前门；2—电源盒；3—转接架；4—上子架；5—风扇子架；6—侧门；7—下子架

图 5-2　OptiX 2500+设备的组成图

1. 机柜

OptiX 2500+光传输设备机柜分为三种。它们的区别仅在于高度不同，尺寸分别为

2000mm 高　600mm 宽　　600mm 深

2200mm 高　600mm 宽　　600mm 深

2600mm 高　600mm 宽　　600mm 深

这就是通常我们所说的 2 米、2.2 米、2.6 米机柜。

2. 子架

子架，也称子框，分为前、后两个部分，其结构示意图如图 5-3 (a)、(b)所示。

OptiX 2500+同步光传输系统是华为技术有限公司开发生产的 OptiX 系列传输产品中的主要设备之一，采用功能一体化模块式设计，适合各种规模的电信网络。

　　OptiX 2500+同步光传输设备完全遵循目前 ITU-T 关于 SDH 的相关建议和中国国家技术监督局、信息产业部有关 SDH 的技术规范，并可按照将来 ITU-T 的新建议进一步改进，同时充分考虑国内外用户在系统配置、维护管理等方面的各种需求，具有安装简便、维护简单、适应性强等优点。由于具有从功能电路单元到网络的多种完备的保护形式，OptiX 2500+同步光传输设备具备很强的网络自愈能力和可生存性。

　　OptiX 2500+子架安装在机柜内，子架由两个部分组成。上部为接线区，下部为插板区。OptiX 2500+子架的板位如图 5-3(a) 所示。

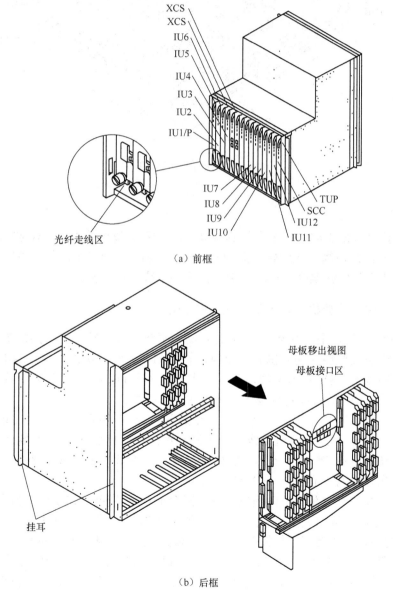

（a）前框

（b）后框

图 5-3　OptiX 2500+设备的组成图

3．风扇子架

风扇子架由风扇及防尘网罩组成，风扇子架的结构如图 5-4 所示。除尘时可将防尘网罩直接抽出清洗。

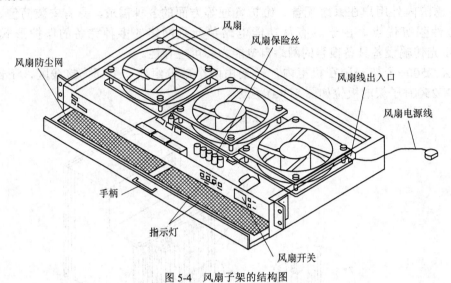

图 5-4　风扇子架的结构图

4．转接架

转接架为两个金属支架，每个支架具有 4×32 个孔。位机柜内部 2M 接口的 75 Ω同轴电缆和 120 Ω双绞线电缆引入到转接架相应的孔位，机柜外部 DDF 架（数字配线架）侧的外部电缆同样引入到转接架处，在转接架处，内外电缆实现转接。

5．OptiX 2500+设备机架、子架、单板供电路径

OptiX 2500+的供电采用标准-48V 直流电源，通过电源盒给工作子架供电并监测电源、环境告警，工作子架接线区的右侧有两个电源接口插座和两个保护地（PGND）接地端，电源插座可以分别接入-48V 直流电源，正常工作时应保证 PGND 接地良好，插拔电源插头时应确定电源是关断的。图 5-5 是顶架无前盖板时的正视图。

机柜配电告警面板左方有 5 个配电柱，在接线时，一定要确认蓝色电缆线接入第一或第二块配线柱（-48V）上，黑色电缆线接入第三、第四块配电柱（-48V）地上，黄绿相间色电缆线接入第块配电柱 PGND 上，在机柜上电后，使用万用表测量蓝黑线（黑线为地）的电位差是否在允许的电压范围内（-36V～-72V）。

中间的四个开关对应在机柜内预先安排了四个子架电源和告警插头，分两组在机柜内安排在上下两个位置。每组两个插头，与开关的上下对应，当开关接通时，表示对应插头有-48V 电源提供，使用万用表检测插头中两个靠在一起的大电流插针的电位差应为 48V。

柜顶中间靠右有左右两个开关：左开关为告警声切除开关，闭合此开关，可切断告警声。右开关为告警测试开关，当开关接通时，柜顶右方的绿灯、红灯、黄灯同时点亮，蜂鸣器发出告警声，表示告警系统正常。

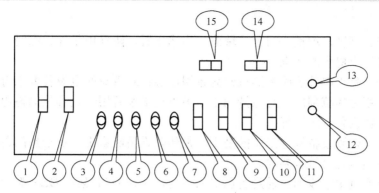

1：PWR（1）第一路电源开关　2：PWR（2）第二路电源开关　3：PGN 保护地接线柱
4：RTN1（+）第一路电源地（正极）接线柱　5：RTN2（+）第二路电源地（正极）接线柱
6：NEG1（-）第一路电源 -48V 接线柱　7：NEG2（-）第二路电源 -48V 接线柱
8：UPPERSUBRACK 上子架第一路电源开关　9：UPPERSUBRACK 上子架第二路电源开关
10：LOWERSUBRACK 下子架第一路电源开关　11：LOWERSUBRACK 下子架第二路电源开关
12：ALM 告警指示灯
13：RUN 运行指示灯
14：TEST 测试开关
15：MUTE 告警切除开关

图 5-5　顶架无前盖板时的正视图

柜顶右方有二个指示灯：RUN 是运行指示灯，ALM 是告警指示灯。

外部电源供给到工作子架上的单板：外部电源通过电源线将电源模块产生的-48V DC 电源提供到机架架顶接线柱，然后再通过 4 个子架电源开关和电源盒中的电源分配板 PDU 将-48V 电源分配给各个子架，工作子架上的各单板再通过各单板上的电源插针从工作子架母板上的相应位置引入各自所需的电源电压，同时各单板上自带的 DC/DC 电源转化模块再转换出单板上各芯片工作所需的其他电压。

二、设备的硬件安装

硬件安装工作技术难度不是很大，但非常重要（安装不好将影响传输质量）。本节对安装过程中的主要工作进行说明。

1. 安装前准备

为了使施工有序、顺利地进行，在正式开工前应做好各种准备和检查工作，主要有如下工作。

（1）施工人员的安排和准备。一般以厂家施工人员为主，用户单位技术人员为辅。

（2）施工技术文书的准备。施工时必须准备的文书有：机房设计书、施工详图、安装手册等。

（3）工具、仪表的准备。一般情况下，专用工具仪表由厂家自带，通用的工具仪表由用户提供。硬件安装时所需的通用工具仪表大致有：卷尺、镊子、平口螺丝刀、十字螺丝刀、活动板手、电工刀、单面刀片、斜口钳、尖嘴钳、老虎钳、电烙铁、锉刀、手锯、撬扛、冲击钻、梯子、万用表等。

（4）施工条件的检查。在工程安装开始前，要对机房、电源、地线、中继线、光缆等做必要的检查，查看是否符合施工要求。对不符合施工要求的项目，施工前要加紧改造完，以

免留下隐患。

机房的面积、高度、承重、门窗、墙面、沟槽布置、防静电条件、照明、温度、消防等必须符合规范或厂家提出的要求。

对交流电一般除市电外还应有油机作为备用电源；对直流配电设备要求有足够的输出功率，输出电压在规定的范围内，且保持稳定；另外还必须备用一定容量的蓄电池，以保证供电故障发生时传输设备继续运行。

良好的接地是传输设备稳定工作的基础，是传输设备防雷击、抗干扰的首要保证条件，施工前必须检查地线是否符合要求。

另外，还要检查中继线和光缆是否已引入机房，并在 DDF 架和 ODF 架上连接好。

2．开箱验货

安装准备完成之后，必须有厂家技术人员在场的情况下开箱验货。需要检验的主要内容如下。

（1）运输过程中是否有损伤。机架、子架、单板外观是否完好，有无划伤和损坏。特别需要强调的是，任何时候接触单元板和设备上金属部件都必须戴防静电手腕，除非厂家有"可以不带"的明显说明。

（2）对照装箱单核对型号和数量是否相符。

3．机架安装

在安装准备完成、开箱验货正确后，就可以开始机架安装。机架的安装有两种情况：一是安装在水泥地上，可以按机房布置图在设计的位置直接用膨胀螺钉将机架固定在地板上，此时需先在设计位置用膨胀螺钉将支架（底座）固定在水泥地上，将支架调到适当高度（厂家提供的专用支架其高度都可以在一定范围内调节），以使机架底与机房地板平齐，然后用螺丝将机架固定在支架上。为了进一步使机架稳定，两种情况都可以考虑吊顶，即用连接件将机顶固定连接在天花板上，各公司的设备一般在机架的顶部安装有电源分配柜，有机房电源引入端子和保护地接线柱，机架固定好以后，将电源线和保护地线按规范接好（特别要注意电源的正负极性）。安装好的机架应达到设计施工规范中的要求，应有良好可靠的接地。

4．子架安装

机架安装好以后，将子架安装在机架的适当高度。子架安装时，至少两人托扶安装，有的公司的设备在子架下面还要安装一个风扇子架。

5．单元板的安装

在安装单元板之前应将机架、子架内的杂物（特别是金属碎屑）彻底清除干净。带上防静电手腕，将单元板从防静电包装袋中取出，检查无损伤、无元件脱落等明显损坏后，按照子架各槽道规定的单元板名，依次插入各个电路板，切勿插错槽道。

6．电缆、光纤的连接

子架安装好以后就可以开始电缆、光纤的连接。

（1）电源电缆、告警电缆的连接

外接电源电缆主要用于网元设备的供电，电源电缆线一般是从机房的电源配电柜或电源列头柜引入，并与网元机架顶部的电源分配盒相关端子相接。

一般各家公司的设备子架和架顶的电源分配柜要有一根电源线缆相连接，用于给全子架提供电源；子架和架顶的总告警板会有一根告警电缆相连接，用于收集子架的告警信号。

（2）信号电缆的连接

外部信号电缆主要用于设备数字信号的外连，对于 2M 支路信号既可以使用 120Ω对称电缆相连，也可以采用 75Ω同轴电缆相连，应根据所订设备的具体接口而定；对于 34M、140M 和 155M 电信号只能采用 75Ω同轴电缆相连接。连接时先在接口区与电接口板相对应的位置上安装好适配器（将 120Ω接口转换为 75Ω接口），然后用电缆将所有的信号连至 DDF 架或相应的设备上。从设备到 DDF 架的电缆可经过机框两侧上到架顶的走线槽，经走线槽到 DDF 架；有防静电地板时，电缆可经过机框的两侧下线到地板夹层中，经地板夹层到达 DDF 架。为了维护方便，每根电缆都应做好编号，电缆较多时，应分两边捆扎进入机柜，捆扎时注意线间距要均匀。

（3）时钟信号线连接

设备使用外时钟时，从外时钟源（如 BITS 系统）到设备接线区的外时钟接口要有一根同轴电缆相连，用于给设备提供参考时钟。

（4）光缆的布放与连接

各公司的设备光口一般都在单元板的前面板上，安装光缆时应小心将连接器对准光口，适度用力插入，避免损伤光适配器的陶瓷内管，将连接器插入到底后，右旋接头的外环，上紧光缆。光缆尾纤从光接口板上行到子架上前梁，沿上前梁左行入机柜左侧扎线区内，在上前梁要用厂家配套光纤支座或扎线将光纤分段固定。光缆在机柜扎线区内上行或下行，然后沿走线槽或地板夹层至 ODF 或相应的设备。

光纤要成对布放，需要弯曲时要弯成圆形，曲率半径一般不小于 8cm。成对的光纤应理顺、绑扎，使用扎带时不得用力勒紧，最好加上保护套管，并不得有其他电缆压在光纤上面。

线形网上各站是用光缆串接起来的，连接时中间的 ADM 站主线路东向侧（或组 I）与前一站的西向侧（或组 II）相连，西向侧（或组 II）则与下一站的东向侧（或组 I）相连，两端为终端复用设备（TM），只有一个线路侧与相邻的 ADM 相连，物理上不要连接错误。

三、机房注意事项

1．环境现场检查

（1）保持机房清洁干净，防尘防潮，有无异味，防止鼠虫进入。

（2）保证稳定的温度范围：15℃～28℃，机房温度最好保持在 20℃左右。

（3）保证稳定的湿度范围：40％～80％。

（4）照明设施无损坏。

2．电源现场检查

（1）保证传输设备正常工作的直流电压：-48V（设备电源线区分一般为：蓝色线

为−48V、黄色线为保护地、黑色线为工作地；

（2）允许的电压波动范围是：−48V±5%；

（3）确保设备良好接地：设备采用联合接地，接地电阻应良好（要求小于 1 Ω），否则会被雷击打坏设备；

（4）电源线、在用熔丝连接正确、牢固，无发热现象；备用熔丝容量正确、可用。

3．设备现场检查

（1）设备运行正常，无异常情况，无告警。

（2）设备清洁干净完好，无缺损。附件、配件齐全，相关标签、资料，相关文档，电路资料规范，光路资料规范齐全；

（3）仪表、工具、调度尾纤、塞绳、钥匙等各用具功能正常，安放到位，满足维护需要；

（4）传输设备子架上散热孔不应有杂物（如2M线缆，尾纤等）；

（5）机柜指示灯和告警铃声检查：一般绿灯亮表示设备供电正常，红灯亮表示本设备当前正发生危急告警，黄灯亮表示本设备当前正发生主要告警；

（6）单板指示灯检查，单板是否发烫，子架通风口风量是否大。

4．防止激光伤害

当对尾纤和光接口板的光连接器进行操作时，最好佩戴过滤红外线的防护眼镜，可以避免操作过程中可能出现的不可见红外激光对眼睛的伤害。没有佩带防护眼镜时，禁止眼睛正对光接口板的激光发送口和光纤接头。

5．光接口板的光接口和尾纤接头的处理

对于光接口板上未使用的光接口和尾纤上未使用的光接头，一定要用光帽盖住；对于光接口板上正在使用的光接口，当需要拔下其上的尾纤时，一定要用光帽盖住光接口和与其连接的尾纤接头。

这样做有以下益处：防止激光器发送的不可见激光照射到人眼；起到防尘的作用，避免沾染灰尘使光接口或者尾纤接头的损耗增加。

6．光接口板环回操作注意事项

用尾纤对光口进行硬件环回测试时，一定要加衰耗器，以防接收光功率太强导致接收光模块饱和，甚至光功率太强损坏接收光模块。

7．更换光接口板时的注意事项

在更换光接口板时，要注意在插拔光接口板前，应先拔掉线路板上的光纤，然后再拔线路板，不要带纤拔板和插板。

要随意调换光接口板，以免造成参数与实际使用不匹配。

8．防静电注意事项

在设备维护前必须按照要求，采取防静电措施，避免对设备造成损坏。

在人体移动、衣服摩擦、鞋与地板的摩擦或手拿普通塑料制品等情况下，人体会产生静电电磁场，并较长时间地在人体上保存。在接触设备，手拿插板、单板、IC 芯片等之前，为防止人体静电损坏敏感元器件，必须佩戴防静电手腕，并将防静电手腕的另一端良好接地。

9. 单板电气安全注意事项

单板在不使用时要保存在防静电袋内；拿取单板时要戴好防静电手腕，并保证防静电手腕良好接地。注意单板的防潮处理，备用单板的存放必须注意环境温度、湿度的影响。

防静电保护袋中一般应放置干燥剂，用于吸收袋内空气的水分，保持袋内的干燥。当防静电封装的单板从一个温度较低、较干燥的地方拿到温度较高、较潮湿的地方时，至少需要等 30 分钟以后才能拆封；否则会导致潮气凝聚在单板表面，容易损坏器件。

10. 设备温度检查

将手放在子架通风口上面，检查风量，同时检查设备温度。如果温度高且风量小，应检查子架的隔板上是否放置了影响设备通风的杂物；或风机盒的防尘网上是否脏物过多。若是，清理防尘网；若为风扇本身发生问题，必要时更换风扇。

此外还可以用手接触电路板前面的拉手条，探测电路板的温度。

对设备的温度检查要每天进行一次。

11. 风扇检查和定期清理

良好的散热是保证设备长期正常运行的关键，在机房的环境不能满足清洁度要求时，风扇下部的过滤网很容易堵塞，造成通风不良，严重时可能损坏设备。因此需要定期检查风扇的运行情况和通风情况。

定期清洗设备风扇盒防尘网。条件较好的机房每月清洗一次，机房温度、防尘度不好的机房每两周清洗一次。如果发现设备表面温度过高，应检查防尘网是否堵塞，风扇是否打开。

12. 公务电话检查

公务电话对于系统的维护有着特殊的作用，特别是当网络出现严重故障时，公务电话就成为网络维护人员定位、处理故障的重要通信工具，因此在平时的日常维护中，维护人员需要经常对公务电话做一些例行检查，以保证公务电话的畅通。

定期从本站向中心站拨打公务电话，检查从本站到中心站的公务电话是否能够打通，并检查话音质量是否良好。让对方站拨打本站公务电话测试。中心站应定期依次拨打各从站，检查公务电话质量。

如果条件允许，可从中心站拨打会议电话，检查会议电话是否正常。电话不通时，通过设备机房专线电话（或者其他联系方法）确认被叫方是否挂机。若已挂机，则由中心站通过网管检查相应的电路板配置数据是否发生了改变，若配置正确，则结合其他板的性能、告警，判断问题出在线路上还是电路板上。

四、DDF 架和 ODF 架的认知

1．DDF 架的认知

（1）DDF 架的介绍

数字配线架 DDF 又称高频配线架，是数字复用设备之间、数字复用设备与程控交换设备或数据业务设备等其他专业设备之间的配线连接设备。DDF 能使数字通信设备的数字码流连接成为一个整体，速率 2～155Mbit/s 信号的输入、输出都可终接在 DDF 架上，这为配线、调线、转接、扩容都带来很大的灵活性和方便性。以往 DDF 架分正面（高速）单元和背面（低速）单元，高速单元和低速单元相比有塞孔，可用于测试、环路等维护工作，现在为维护方便，背面也采用高速单元。一般来说，正面单元接传输设备提供的支路通道，背面单元接用户中继（如交换中继），两者之间通过跳线连接后即可开放业务。

一般情况下，在 DDF 架的横条上都标有该端子的所对应的电路名称、所处传输设备的网元以及对应的槽道号，在 DDF 架的上面都标有 DDF 号及正反面。

（2）DDF 架的构成

数字配线架一般由机架（柜）、单元体及附件等构成。其中由若干系统组成的功能组件称为单元。单元分为以下 3 种类型。

① 75 Ω/75 Ω不平衡式连接器单元：采用射频同轴电缆，特性阻抗为 75Ω的连接器单元。其适用的工作速率为 2Mbit/s、8Mbit/s、34Mbit/s、45Mbit/s、140Mbit/s 和 155Mbit/s。

② 120Ω/120Ω平衡式连接器单元：采用对称电缆，特性阻抗为 120Ω的连接器单元。其适用的工作速率为 2Mbit/s。

③ 75Ω/120Ω阻抗转换连接器单元：采用射频同轴电缆，特性阻抗为 75Ω，转换为采用对称电缆，特性阻抗为 120Ω的连接器单元。其适用的工作速率为 2Mbit/s。

2M 75Ω电缆及接口如图 5-6 所示。

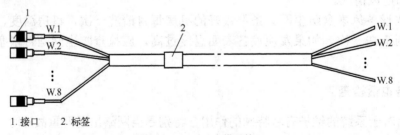

1．接口　　2．标签

图 5-6　2M 75 Ω电缆及接口

2M 120Ω电缆及接口为带 37 芯插头的 16 对双绞线缆，与 C12/D12 接口板上的插座相连，提供 2M 信号的接入。2M 120Ω电缆及接口的外观如图 5-7 所示。

下面以 75Ω接口 DDF 和 E1（2.048Mbit/s）信号为例说明流程。一个容量为 8×2M 的 DDF 端子板如图 5-8（a）、（b）所示，图 5-8（c）中显示了 1 个 2M 端口的结构。根据端口的走线，将 2M 端口分成传输侧和交换侧。交换侧意味着这些端口将和程控交换设备相连接，传输侧意味着这些端口和 SDH 设备相连接。其中传输侧包括端子 1 和 2，按照左收右发的原则，1 为传输侧接收口，2 为传输侧发送口；相应的 3 为交换侧发送口，4 为传输侧接收口。

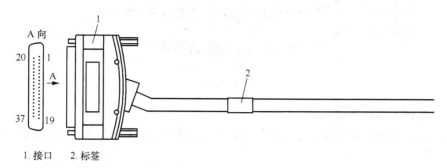

1. 接口　2. 标签

图 5-7　2M 120 Ω电缆及接口

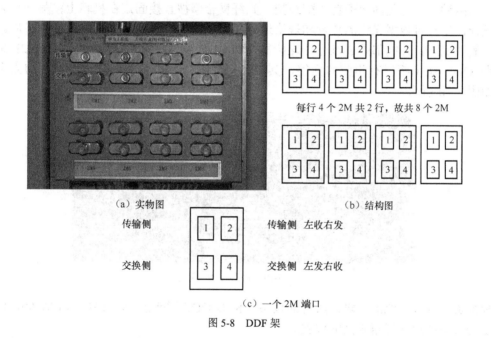

（a）实物图　　　　　　　　　　　　　　（b）结构图

图 5-8　DDF 架

当来自程控交换设备的 2M 信号送往 SDH 机房传输时，首先要经过 DDF，信号流程为交换侧发送口→传输侧接收口；相反地，当 SDH 机房向程控交换设备传送 2M 信号时，经过 DDF 架的流程是传输侧发送口→交换侧接收口。

例如，某传输端子板的标签：DT 华为 15#1-16－WYL 华为 10#1-16，其含义表示为：东塘华为传输设备，15 号网元，第 1 个 2M 至第 16 个 2M——五一路华为传输设备，10 号网元，第 1 个 2M 至第 16 个 2M。其中东塘为本端，五一路为对端。

2．ODF 架的认知

ODF 架用于传输线路单元与光缆外线之间的跳接、光纤转接。ODF 架由设备纤、法兰盘和线路纤构成。当信号从光缆线路送入 SDH 机房时，首先通过 ODF，信号流程为线路纤→法兰盘→设备纤；相反地，当 SDH 机房往光缆送信号时，流程为设备纤→法兰盘→线路纤。光纤通过 ODF 架上面的法兰盘对接，如对接不良，会引起无光、线路误码、帧失步、告警指示（AIS）、对告等告警。

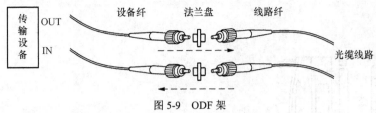

图 5-9　ODF 架

ODF 架有以下两种类型。

（1）壁挂式 ODF 可直接固定于墙体上，一般为箱体结构，适用于光缆条数和光纤芯数都较小的场所。

（2）机架式 ODF 可直接安装在标准机柜中，适用于较大规模的光纤网络。机架式配线架又分为两种，一种是固定配置的配线架，光纤耦合器被直接固定在机箱上；另一种采用模块化设计，用户可根据光缆的数量和规格选择相对应的模块，便于网络的调整和扩展。

一般情况下，外缆都是通过光纤连接器连到 ODF 架的内侧，而尾纤是接在 ODF 架的外侧。在 ODF 架上都标有相应的标签，其中标有光缆的名称以及该位置所对应的光系统名称，如图 5-10 所示。

图 5-10　48 芯-ODF 架

根据资源管理系统的要求，所有的设备（例如 ODF）配上行列编号。如 07-06，即表示此设备为机房的第 7 行第 6 列的位置。

黄颜色的跳纤用于设备的光板（或者是其他 ODF 的跳接，调度）和 ODF 的连接。因为光纤的弯曲半径有一定的要求，故应将长的部分通过收纤盘进行收纤处理。

光缆（黑颜色）切剥后通过 ODF 的后部引入至 ODF 子框。一盘共有 12 个光端口，一个子框的光端口一般是 60 个，子框数量的配置根据需要而定。

五、传输维护人员的维护责任的划分

按专业特点，本地传送网的维护工作分为光缆线路维护专业和传输设备维护专业。

1. 光缆线路维护与 SDH 传输设备维护的界限维护的界限划分

（1）光缆线路以进入 SDH 传输机房的第一个连接器（ODF）为界，连接器及其以内的维护属于 SDH 传输设备维护，连接器以外的维护属于光缆线路维护。

（2）对于已介入光缆线路自动监测系统的线路，以进 SDH 传输机房的第一个 ODF 架上的连接器为界，监测系统机架、光波分复用器和滤光器（含端子）及外线部分的维护属于光缆线路维护，连接器及其以内部分的维护属于 SDH 传输设备维护。

（3）光缆线路中的金属线对，以进入 SDH 传输机房的第一个接线端子为界，接线端子的维护属于 SDH 传输设备维护。

（4）SDH 无人中继站、光中继器及其配套设备的维护工作原则上属于 SDH 传输设备维护，无人中继站的安全和环境保护工作由线路维护部门或其他指定部门负责。

2．SDH 传输设备维护与相关专业部门的责任划分

（1）SDH 传输设备和业务网之间，以业务网一侧的 ODF 或 DDF 为界，业务网一侧由业务网维护，另一侧由 SDH 传输设备维护。ODF 或 DDF 安装在业务网机房由业务网维护，安装在传输机房由传输机房维护，安装在综合机房，原则上由传输维护人员维护，也可协商确定。

（2）电力室至 SDH 传输机房的馈电线和地线，以进入列头柜的端子为界，该线由电力室维护，端子及到 SDH 传输设备部分属于 SDH 传输设备维护。电力室至 SDH 传输机房的电源馈线，由电力室负责测试，传输设备由维护部门配合。

（3）空调设备、加湿设备、其他环境控制设备由各市公司维护部门自行确定维护职责。

3．简单概括维护责任划分

传输与电源（电力）：以机房的列头柜为界限；
传输与线维（光缆）：以光纤配线架 ODF 为界限；
传输与交换、数据：以数字配线架 DDF 为界限。

六、光纤调度

光纤调度是指在光缆通信线路出现障碍或线路割接时，利用同缆或同路由光缆中的备用光纤代通已被阻断的在用系统。根据实际情况的不同，光纤的调度分为以下 3 种情况。

1．利用同路由光缆备用光纤全部代通

如图 5-11（a）所示，维护部门根据电路调度制度和电路调度预案，利用同路由光缆备用光纤，立即临时调通全部系统，线务部门进行障碍修复或剪断光缆进行割接，待障碍修复或割接结束后恢复原电路。

2．利用同缆备用光纤全部代通

如图 5-11（b）所示，维护部门可利用同缆备用光纤，立即临时调通全部系统，线务部门逐纤、逐束管地进行原在用系统的割接或障碍修复，结束后恢复原电路，线务部门再割接或修复备用系统。

3．无法利用备用光纤全部代通

如图 5-11（c）所示，维护部门利用备用光纤（必要时可牺牲部分次要电路），立即临时调通高速、重要系统，线务部部门逐纤地进行原在用系统的割接或障碍修复，结束后维护人员恢复原在用系统，确认没有问题后，再利用备用光纤调通其他在用系统，线务部门割接或修复这些被调通系统，如此循环，直至全部系统割接或修复完成。

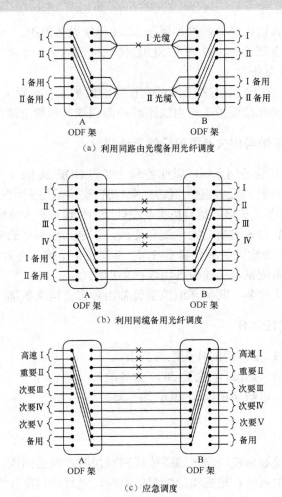

图 5-11 光纤调度

在没有条件临时调通电路，或临时调通的部分电路不能满足大容量通信需求的情况下，应布放应急光缆来抢通电路，临时恢复通信；再重新选择路由布放新光缆，进行正式恢复。

【任务实施】

一、2M 塞绳的制作

2M 塞绳是光纤通信系统施工和维护中常用的器件，它的制作也是光纤通信系统维护人员应该掌握的一项基本技能。本节介绍了光纤通信系统中常用的 2M 塞绳的制作方法、过程及技术要求。

1．目的

（1）掌握 2M 塞绳的制作方法及过程。
（2）掌握 2M 塞绳制作的技术要求。

2．工具与器材

制作 2M 塞绳所需的工具与器材：同轴线、120/75Ω同轴线、专用压接钳、尖头烙铁和万用表。

3．操作步骤

2M 塞绳的制作的具体操作步骤如下。

（1）选择与同轴头相匹配的同轴线；

（2）拧开同轴头配件，将套管套到同轴线上；

（3）开剥同轴线：依据同轴头的长度和要求，剥除同轴线的外层，其开剥长度与同轴头的连接长度相一致，如图 5-12 所示。注意尽量使屏蔽层保持完好。

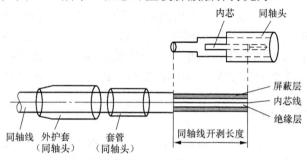

图 5-12 同轴线的开剥长度

（4）剥除同轴线内芯的绝缘层，露出内芯，其长度与同轴头的连接长度一致，如图 5-13 所示。

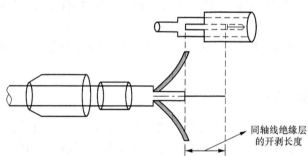

图 5-13 同轴线绝缘层的开剥长度

（5）将同轴线的内芯插入同轴头的内芯中，要求插到同轴头内芯的底部。

（6）用烙铁将同轴线的内芯和同轴头的内芯的连接处焊牢，要求焊点光滑，有光泽，如图 5-14 所示。

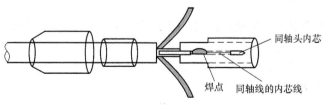

图 5-14 焊接

（7）装配屏蔽层：使屏蔽层均匀地分布在同轴头末端的四周，套上套管，用专用压接钳压紧套管，使同轴头的末端与屏蔽层接触牢靠，如图 5-15 所示。

（8）用相同的方法做好同轴线的另一端同轴头。

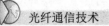

（9）用万用表测量电气是否连通，同时检查屏蔽层和内芯是否出现短路现象。

（10）将同轴头剩余的部件装好，2M 塞绳制作完毕。

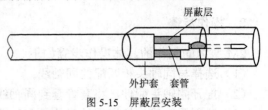

图 5-15 屏蔽层安装

2M 塞绳做好以后要检查它的电气情况。对同轴中继电缆进行测试，以判断电缆是否虚焊、漏焊、短路，以及中继电缆在 DDF（数字配线架）处的连接位置是否正确。这就是我们通常所说的对线。对线的操作：在同轴电缆一头的信号芯线和屏蔽短线（可以用短导线或镊子），及同轴电缆另一头用万用表测试信号芯线和屏蔽层之间的电阻，电阻应该约为 0Ω；然后取消信号芯线和屏蔽层的短接，再在另一头用万用表测试，电阻应该为无穷大。这两项测试说明测试的两头是同一根电缆的两头，且此电缆正常。否则说明电缆中间存在断点或电缆接头处存在虚焊、漏焊、短路，或者这两头不是同一根电缆的两头。

二、光接口清洁操作

光传输系统中使用了大量的光连接器件，在工程和维护过程中容易受到污染，从而影响光信号的质量，导致系统性能下降，对网络的稳定运行造成隐患。因此在操作过程中要求对光连接器件进行正确的清洁防护和处理措施。

本操作适用于以下部件。

尾纤接头：包括光缆侧、ODF 侧、设备侧以及单板内部（从光模块到单板拉手条法兰盘之间的尾纤）；

法兰盘：包括线路侧 ODF 架、机柜内部 ODF 架（波分设备）、单板拉手条上；

光衰减器。

1．光连接器的防护要求

（1）在工程期间，尾纤防尘帽用防静电袋密封包装后存放在机柜底部。

（2）在维护中换下的光板应及时为光口盖上防尘帽，并放入合适的包装盒，以保持光口的清洁。

（3）光板在运输和保存过程中，要求具有安全可靠的外包装，避免器件受到机械和静电损伤，并防止震动。

2．光连接器的清洁要求

（1）在工程和维护期间，需要对尾纤、法兰盘、光衰减器、光板接口等进行操作前，应先准备好光连接器清洁工具。

（2）机房环境灰尘比较大时，对光连接器进行操作前，应先做好周边的清洁工作，如清理尾纤接头、光接口等处的灰尘。

（3）尾纤接头容易被污染，在开局和维护时，尾纤接头拔出后，应在清洁后再插入光板接口或法兰盘，避免因尾纤不清洁导致光板上的连接部分受到污染。

（4）在工程和维护时，对尾纤接头、法兰盘、光衰减器、光板光接口操作时，及时盖上防尘帽，避免其裸露在空气中造成污染。

（5）一般情况下，不需要清洁光板上法兰盘和单板内部的尾纤接头。但在以下情况下需要清洁光板内部法兰盘和尾纤接头。

支持光功率检测的单板：光功率性能检测值与实际光功率测量值有较大差异；不支持光功率检测的单板：收光光功率值在光板的工作范围却上报异常告警（RLOS、RLOF 等）或性能（RSBBE）、发光光功率明显偏离典型光功率值。

（6）以下应用情况需要用光纤显微镜观察尾纤头端面，确保光纤连接器的清洁度：波分系统中采用拉曼放大器的情况，输入端口前所有的尾纤头应用显微镜观察；波分设备和 10G MADM 设备长距离（大于 120km）应用情况，链路上所有的尾纤端面需要用显微镜观察是否清洁。

3．光接口的清洁工具介绍

光连接器件的清洁应选择专用的清洁工具，常用工具介绍如下：

（1）无尘棉布：用于擦拭光接头表面和光纤端面的专用材料，擦拭后不会对光纤端面造成损伤或留下残余纤维，一般情况下，不允许蘸无水乙醇（蘸无水乙醇可能会造成二次污染，清洁效果不好，用显微镜可能观察到端面有使用无水乙醇而产生的污渍）；

（2）清洁试剂：根据实际情况可采用分析纯级的无水乙醇，试剂无毒，不会对人体造成损害，但易燃，应注意保存，严禁使用含水酒精。特别情况下可用无尘棉布蘸无水乙醇清除顽渍，并注意再用干燥的无尘棉布擦拭。

（3）无尘棉棒：由特种纤维制成，如图 5-16、图 5-17 所示，专门用来清洁光连接器或光接口内部，头部应小于其内套直径。

图 5-16　光口清洁棉棒　　　　　　图 5-17　光口 LC 光口清洁棉棒

（4）擦纤盒：用于光传输网中各种光纤接口清洁的一种科技含量较高的产品，采用无酒精特种纤维制成，其擦拭效果可使光纤接头信号返回损耗小到几十万甚至百万分之一；

（5）光纤显微镜：光纤接头清洁的辅助工具，可检查接头端面洁净情况和磨损情况，需要注意的是只有光纤中无光的情况下才能用眼睛观察，否则禁止使用；

（6）光接口清洁工具要求：擦纤盒建议在波分、10G 等高端设备维护时使用；无尘棉布适用于任何光传输设备，推荐使用；对于光模块和单板拉手条上法兰盘一体的光连接器端面，维护时必须使用无尘棉棒清洁，如 155/622H 设备的单板。

4．光接口的清洁方法

（1）尾纤接头清洁方法

使用无尘棉布清洁方法如下。

为节省成本，需要将大块无尘棉裁剪成小块使用，注意裁剪前须保证手的干燥和清洁，将单张无尘棉均分裁剪为大小相同的 16 小块，密封存放在洁净的防静电袋中；对于简单清洁，可通过取小块干无尘棉布直接擦拭接头的柱面和端面来完成，如图 5-18 和图 5-19 所示。

如果接头表面有污物，先取一小块无尘棉布擦拭柱面 1～2 周后抛弃，然后取另外一小

块棉布，用棉布左侧擦拭端面一次，尾纤头旋转 90°，在棉布右侧同方向擦拭一次即可；清洁后不要接触接头表面，如果接头暂时不用或测试告一段落，应该盖上干净的防尘帽以防止污染；无尘棉布使用一次后不可再用。

图 5-18　将无尘棉布放在桌面上清洁

图 5-19　将无尘棉布放在手上清洁

（2）光连接器（普通法兰盘、光衰减器）清洁方法如下。

对用户机房维护人员，推荐使用无尘棉棒直接插入光板光口进行清洁，无须拔出单板，能起到同样清洁效果。注意：操作时注意不要直视光口，以防眼睛灼伤。除上述方法外，还可以采用以下方法作彻底清洁。

1）将光板从子架上拔下，置于防静电垫（要求接地）上，戴好防静电手腕，将手接触防静电垫 2S，进行身体放电；

2）用拔纤钳从拉手条上小心地拔下光板内部尾纤头（务必小心，没有把握就用无尘棉棒清洁）；

3）按照普通尾纤头的清洁方法对其进行清洁，如图 5-18 和图 5-19 所示。

4）根据拉手条上的法兰盘型号选用不同直径的无尘棉棒（SC 和 FC 使用 Φ 2.5mm 的无尘棉棒；LC 使用 Φ 1.25mm 的无尘棉棒）插入套筒，按同一方向旋转擦拭；

5）将光板内部尾纤原样放好；

6）操作时注意不要对内部尾纤过度弯折，曲率半径要大于 3cm 以防折断。

任务二　光纤通信系统中继距离设计

【任务书】

任务名称	光纤通信系统中继距离设计		所需学时	6
任务目标	能力目标 （1）能够了解光纤通信系统中所用到的各种线路码型及其特点； （2）能了解影响中继距离的因素。			
	知识目标 （1）掌握光纤通信中的线路码型； （2）能进行最大中继距离的计算。			
任务描述	本任务主要介绍光纤通信系统中所用到的各种线路码型及其特点，影响中继距离的因素，使读者能进行中继距离的简单设计。			
任务实施	能进行最大中继距离的计算。			

【知识链接】

一、线路码型

由光发送机、光纤传输线路及光接收机就可以组成一个光纤通信系统。但这样的系统尚有一些实用化问题未得到妥善解决，如在不中断通信业务的条件下的误码检测问题、公务联络问题以及码流中的长连"0"问题等，这些看似简单而实际应用中却特别需要注意的问题如果得不到妥善解决，整个系统是无法使用的。

在数字电缆、微波通信中皆有独特的线路码型。以我们熟知的 HDB_3 码为例，它具有定时信息丰富（连 0 数不超过三个）、基线漂移小（正负极性脉冲交替发送 1 码）、能在不中断业务的条件下进行误码检测等优点，比较好地解决了上述问题。

而光纤通信必须根据自己的特点（如不存在正负光脉冲等）来设计自己专用的线路码型。光纤通信线路码型的设计方法：把原来的标准码率稍微提高一些，并进行适当的编码以适应数字光纤通信的要求。由于码率有所提高，就利用这些提高的码率来平衡码流，进到误码检测、公务联络等。

在 PDH 通信中，线路码型是光纤通信系统中的重要组成部分，而在 SDH 通信中，由于具有丰富的开销字节，使一些实用化问题得到解决，所以线路码型一律采用扰码二进制。

二、线路码型的种类

PCM 通信系统中的接口速率和码型，如表 5-1 所示。

表 5-1　　　　　　　　　　　PDH 接口码速率与接口码型

	基　群	二　次　群	三　次　群	四　次　群
接口码速率 (Mbit/s)	2.048	8.448	34.368	139.264
接口码型	HDB_3	HDB_3	HDB_3	CMI

PCM 系统中的这些码型并不都适合在数字光纤通信系统中传输。为此，在光端机中必须进行码型变换。

在 PDH 系统中，常用的线路编码有分组码 $mBnB$ 和插入码，SDH 光纤通信系统中广泛使用的是加扰的 NRZ 码。各种码的编码规律、传输速率如表 5-2 所示。

表 5-2　　　　　　　　　　　各种码的编码规律、传输速率

码　　型		码型变换规则	传输速率	误码监测	适用系统
1B2B 码	CMI	"1"：11，00 交替 "0"：01	$2f_i$	按编码规则检查	PDH
	双相码	"1"：10　　"0"：01	$2f_i$	同上	
	DMI	"1"：11，00 交替 "0"：01（前二个码为01，11 时） 10（前二个码为10，00 时）	$2f_i$	同上	

续表

码　　型		码型变换规则	传输速率	误码监测	适用系统
分组码 mBnB		在 nB 码中选择不均等值小的码作公共码；正负模式交替	nf_i/m	（1）查禁用码字（2）利用 DRS	
插入码	mB1P	（1）P 码满足奇校验规则（2）P 码满足偶校验规则	$(m+1)f_i/m$	奇偶校验	PDH
	mB1C		$(m+1)f_i/m$	模 2 和=0	
	mB1H				
加扰 NRZ		给输入 NRZ 序列加扰	f_i	无	SDH

1. mBnB 码

把输入信码流中每 m 比特码分为一组，然后变换为 n 比特，且 n>m。这就是说，变换以后码组的比特数比变换前大。这就使变换后的码流有了冗余，因此在码流中除了可以传原来的信息以外，还可以传送与误码监测等有关的信息。另一方面，经过适当编码后还可以改善定时信号的提取和直流分量的起伏问题。常用的 mBnB 码有 1B2B、3B4B、5B6B、8B10B 和 17B18B 等。

最简单的 mBnB 码是 1B2B 码，它是把原信息码的 "0" 变换为 "01"，把 "1" 变换为 "10"。因此最大的连 "0" 和连 "1" 的数目不会超过两个，例如 1001 和 0110。但是码速率提高了 1 倍。

mBnB 码的优点：实现比较简单、定时信息丰富、误码检测方便（禁字检测）等。mBnB 码的缺点：传输公务信号的能力不强。

下面介绍使用最广泛的 8B10B 编码技术。

8B/10B 编码是目前高速串行通信中经常用到的一种编码方式。直观的理解就是把 8bit 数据编码成 10bit 来传输，为什么要引入这种机制呢？其根本目的是 "直流平衡（DC Balance）"。当高速串行流的逻辑 1 或逻辑 0 有多个位没有产生变化时，信号的转换就会因为电压位阶的关系而造成信号错误，直流平衡的最大好处便是可以克服以上问题。

将 8bit 编码成 10bit 后，10B 中 0 和 1 的位数只可能出现以下 3 种情况。

（1）有 5 个 0 和 5 个 1

（2）有 6 个 0 和 4 个 1

（3）有 4 个 0 和 6 个 1

这样引出了一个新术语：不均等性（Disparity），就是 1 的位数和 0 的位数的差值，根据上面 3 种情况就有对应的 3 个 Disparity：0、−2、+2。 工作原理如下。

8bit 原始数据会分成两部分，其低 5 位会进行 5B/6B 编码，高 3 位则进行 3B/4B 编码，这两种映射关系在当时已经成为了一个标准化的表格。人们喜欢把 8bit 数据表示成 Dx.y 的形式，其 x=5LSB（least significant bit 最低有效位），y=3MSB（most significant bit 最高有效位）。

例如一个 8bit 数据 101 10101，x=10101（21）y="101"（5），现在我们就把这 8bit 数据写成 D21.5。

D$x.y$ 形式在进行 5B/6B 和 3B/4B 编码中表示更直观。

2．插入比特码

这种码型是将信码流中每 $m$bit 划为一组，然后在这一组的末尾一位之后插入一个比特码。随着所插入码的功能的不同，这种码型又可分为如下三种型式。

（1）mB1P 码

即插入的比特码是奇偶校验码。例如，若是偶校验，当 mB 码字中"1"的个数为奇数时，则插入"1"比特；若"1"的个数为偶数时，则插入"0"比特。从而保证整个码字中"1"的个数为偶数。此类码型因插入比特的用途太单一而很少采用。

表 5-3 mB1P 码

mB 码	100	000	001	110
mB1P 码（奇校难）	1000	0001	0010	1101

（2）mB1C 码

这种码型是将信码流每 $m$bit 分为一组，然后在其末位之后再插入一个反码（又称补码）——C 码。C 码的作用：如果第 m 位码为"1"，则反码为"0"；反之则为"1"。显然，根据插入 C 码的这种特点，就可进行误码监测。此外，C 码还可减少连"0"连"1"的不良影响。

表 5-4 mB1C 码

mB 码	100	110	001	101
mB1C 码	1001	1101	0010	1010

（3）mB1H 码

这种码是将信码流中每 m bit 分为一组，然后在其末位之后插入一个混合码，称为 H 码（Hybrid）。这种码型具有多种功能。它除了可以完成 mB1P 或 mB1C 码的功能外，还可同时用来做几路区间通信、公务联络、数据传输以及误码监测等功能。因插入的比特码之用途极多，故 mB1H 码得到了广泛的应用。

根据所选 m 值的不同，mB1H 码又可以分为 4B1H、8B1H、1B1H 码等。

3．扰码二进制

在发送端用扰码器对数字电信号码流进行扰码，打乱原来的排列顺序以形成新的码流来调制光发送机，而在接收端进行反扰码以恢复原来的码流。该方法的优点：实现简单；能比较有效地抑制长连"0"和平衡码流；由于不增加码率所以光功率代价为零（码率增加会使灵敏度降低）。该方法的缺点：由于码率没有增加，难以实现误码检测、公务联络等功能。在 PDH 通信中很少采用这种线路码型；但在 SDH 通信中却全部采用此种码型。

三、光传输设计——最大中继距离的计算

1. 光纤通信系统

图 5-20 所示为以光电再生的方式作为光信号中继的点到点光纤传输系统示意图。从图中可以看出，该系统是由光发射端机、光接收端机、光中继器、监控系统、备用系统和供电系统等组成。由于前面已经对光发射机和光接收机进行了介绍，下面仅就光中继器以及辅助系统加以讨论。

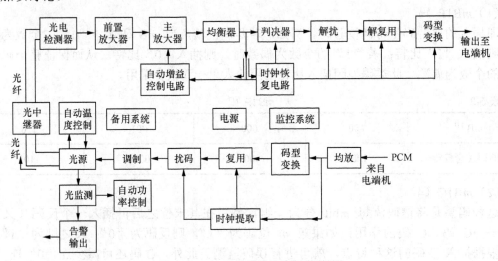

图 5-20　IM-DD 光纤通信系统原理框图

（1）光中继器

光脉冲信号从光发射机输出经光纤传输若干距离以后，由于光纤损耗和色散的影响，将使光脉冲信号的幅度受到衰减，波形出现失真，这样就限制了光脉冲信号在光纤中长距离的传输。因此，需在光波信号经过一定距离传输之后，加一个光中继器以放大衰减的信号，恢复失真的波形，使光脉冲得到再生。

根据光中继器的上述作用，一个功能最简单的中继器，应是由一个未设有码型变换的光接收机和未设有均衡放大和码型变换的发射机相连接而成，如图 5-21 所示。

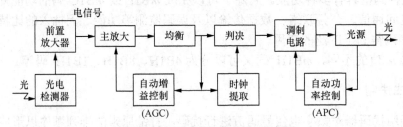

图 5-21　最简单的光中继器原理方框图

作为一个实用的光中继器，为了维护的需要，还应具有公务通信、监控、告警的功能，有的中继器还有区间通信的功能。另外，实际使用的中继器应有两套收发设备，一套是输出，一套是输入，故实际的中继器方框图如图 5-22 所示。它可采用机架式结构，设于机房中。而直埋

在地下或在架空光缆中架在杆上的中继器采用的是箱式或罐式结构，因此对于直埋或架空的中继器需有良好的密封性能。

（2）监控系统

监控系统为监视、监测和控制系统的简称。在光纤通信的监控系统中，通常采用的是集中监控方式；在光纤通信的监控系统中，通常采用的是集中监控方式。

① 监控内容

监控的内容分别包括监视和控制两部分。

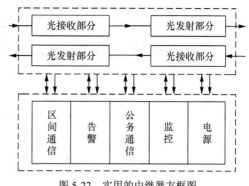

图 5-22　实用的中继器方框图

监视的内容包括：数字光纤通信系统中的误码率是否满足指标的要求；各个光中继器是否有故障；接收光功率是否满足指标要求；光源的寿命；电源是否有故障；环境的温度、湿度是否在要求的范围内等。

控制的内容包括：当光纤通信系统中主用系统出现故障时，监控系统即由主控站发出倒换指令，遥控装置将备用系统接入，将主用系统退出工作。当主用系统恢复正常后，监控系统应再发出指令，将系统从备用倒换到主用系统中。另外，当市电中断后，监控系统还要发出启动电机的指令，又如中继站温度过高，则应发出启动风扇或空调的指令，同样还可以根据需要设置其他控制内容。

② 监控信号的传输

在数字通信系统中，采用时分复用的方式来完成监控信号的传输，但不同的传输体制，其监控信号的传输方式有所区别。

除上述组成部分外，光纤通信系统还应包括供电和保护系统。

2. 衰减和色散对中继距离的影响

在光纤通信的设计中，人们最关心的莫过于中继距离与传输容量两大系统技术指标了。光纤通信的最大中继距离可能会受光纤衰耗的限制，此所谓衰减受限系统；也可能会受到传输色散的限制，此所谓色散受限系统。在 PDH 通信中，由于其码速率不高（一般最高为 140Mbit/s），所以传输色散引起的影响并不大，故大多数为衰减受限系统。而在 SDH 通信中，伴随技术的不断发展和人们对通信越来越高的需求，光纤通信的容量越来越大，码速率也越来越高，已从 155Mbit/s 发展到 10Gbit/s，所以光纤色散的影响越来越大。因此系统可能是衰减受限系统，也可能是色散受限系统。在进行计算中继距离时，两种情况都要计算，取其中较小者为最大中继距离。

3. 衰减受限系统

所谓衰减受限系统，是指光纤通信的中继距离受诸如传输损耗参数、光发送机的平均发光功率、光缆的损耗系数、光接收机灵敏度等的限制。一个中继段上的传输损耗包括两部分的内容，其一是光纤本身的固有衰减，再者就是光纤的连接损耗和微弯带来的附加损耗。如图 5-23 所示，衰减受限系统中的中继距离可用下式计算。

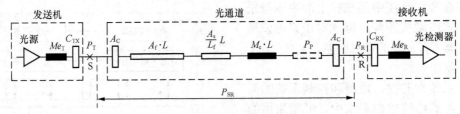

图 5-23　光通道损耗的组成

$$L\alpha = \frac{P_{\mathrm{T}} - P_{\mathrm{R}} - A_{\mathrm{CT}} - A_{\mathrm{CR}} - P_{\mathrm{P}} - M_{\mathrm{E}}}{A_{\mathrm{f}} + A_{\mathrm{s}}/L_{\mathrm{f}} + M_{\mathrm{c}}} \quad (5\text{-}1)$$

式中：

$$A_{\mathrm{f}} = \frac{\sum\limits_{i=1}^{n} \alpha_{\mathrm{f}i}}{n} \quad (5\text{-}2)$$

$$A_{\mathrm{s}} = \frac{\sum\limits_{i=1}^{n-1} \alpha_{si}}{n-1} \quad (5\text{-}3)$$

针对式（5-1）中各参数的物理含义与取值，我们作如下说明。

（1）P_{T}：光发送机平均发光功率，这是设备本身给出的技术指标，以 dBm 为单位。

（2）P_{R}：光接收机灵敏度，它也是设备本身给出的技术指标，也以 dBm 为单位。

（3）A_{C}：活动连接器的衰耗，活动连接器又称活接头，它把光纤线路和光终端设备连接在一起，可以方便地进行拆装。因在光发送机与光接收机上各有一个活接头，故式中为 A_{CT} 和 A_{CR}。一般取值 A_{C}=0.5 dB。

（4）M_{E}：设备富余度，设备富余度包括光源器件的性能退化、光检测器件的性能退化、码率的抖动等诸多因素。为使整个系统能稳定可靠地工作，在初期设计时必须尚有一定余量，一般取 M_{E}=3 dB。

（5）P_{p}：光通道功率代价，光通道功率代价包括由于反射和由码间干扰、模分配噪声、激光器的啁啾声引起的总色散代价。一般取 P_{p}=1dB 以下。

（6）A_{f}：光纤的衰减系数

该参数我们已经熟知，它的取值由所供应的光缆参数给定，单位为 dB/km。其典型值为：在 1310nm 波长，0.3～0.4dB/km；在 1550nm 波长，0.15～0.25dB/km。

（7）$A_{\mathrm{s}}/L_{\mathrm{f}}$：平均每公里接续衰耗，在具体施工中需要把一盘盘的光缆用熔接机连接起来才能形成较长的传输线路。随着技术的不断发展，每个熔接点的衰耗可以保证在 0.05dB 以下。一般来讲，光缆每盘长度为 2 km，所以可取 $A_{\mathrm{s}}/L_{\mathrm{f}}$=0.05/2 dB/km。

（8）M_{c}：光缆富余度，光缆富余度包括光纤性能的退化、光纤随环境温度、湿度变化产生的附加衰耗以及敷设光缆时由于微弯曲、侧压力而产生的附加衰耗等。尤其是随环境温度的变化（主要是低温），其衰耗系数会增加，故必须留出一定的余量。一般取值为 M_{c}=0.1～0.2 dB/km。

知道式（5-1）中各参数的物理意义与取值范围后，则可以很容易地计算出最大中继距离了。当然也可以根据预先设计好的中继距离去计算对某些参数的要求，如对光纤的衰减系数的要求或对光发送机发光功率、光接收机灵敏度的要求等。

4．色散受限系统

所谓色散受限系统，是指由于系统中光纤的色散、光源的谱宽等因素的影响，限制了光纤通信的中继距离。

在光纤通信系统中存在着两大类色散即模式色散与频率色散。模式色散又称模间色散，是由多模光纤引起的。因为光波在多模光纤中传输时，由于光纤的几何尺寸等因素的影响存在着许多种传播模式，每种传播模式皆具有不同的传播速度与相位，这样在接收端会造成严重的脉冲展宽，降低了光接收机的灵敏度。模式色散的数值较大，会严重地影响光纤通信的中继距离。但是，在单模光纤通信技术日趋成熟的今天，单模光纤已经被广泛采用。因此多模光纤已经很少使用了，即使采用也只是用于小容量的光纤通信（34Mbit/s 以下）。模式色散的影响主要表现在光纤的模畸变带宽上，因此在进行系统设计时，只要所选光纤的带宽满足 $S\sim R$ 间的带宽要求，则完全可以不考虑色散受限的问题。

对于单模光纤通信系统而言，不存在模式色散的问题，故单模光纤的色散主要表现在材料色散与波导色散的影响，通常用色散系数 $D(\lambda)$ 来综合描述单模光纤的色散。单模光纤的色散系数是非常小的，但因单模光纤系统的容量即码速率远远大于多模光纤系统，所以出现了一些新的问题，使单模光纤通信系统的色散问题反而变得重要了，成为传输中继距离不可忽视的问题。换句话讲，高速率的单模光纤通信系统在很多情况下是色散受限系统。单模光纤的色散对系统性能的影响主要表现如下三方面。

（1）码间干扰

单模光纤通信中所用的光源器件之谱宽是非常狭窄的，往往只有几 nm，但它毕竟有一定的宽度。也就是说它所发出的光具有多根谱线。每根谱线皆各自受光纤的色散作用，会在接收端造成脉冲展宽现象，从而产生码间干扰。

（2）模分配噪声

光源器件的发光功率是恒定的，即各谱线的功率之和是一个常数。但在高码速率脉冲的激励下，各谱线的功率会出现起伏（此时仍保持功率之和恒定），这种功率随机变化与光纤的色散相互作用，就会产生一种特殊的噪声即所谓模分配噪声，也会导致脉冲展宽。

（3）啁啾声

此类影响仅对光源器件为单纵模激光器时才出现。当高速率脉冲激励单纵模激光器时，会使其谐振腔的光通路长度发生变化，致使其输出波长发生偏移，即所谓啁啾声。啁啾声也会导致脉冲展宽。总之，单模光纤的色散虽然非常小，但在高码率应用的情况下其影响绝不可忽略，若要消除啁啾声的影响，只能使系统工作于外调制状态，这样 LD 便工作于直流情况下。对于色散受限系统的中继距离计算可用 5-4 式。

$$L_D = \frac{\varepsilon \times 10^6}{B \times \Delta\lambda \times D} \tag{5-4}$$

式中，ε 为光脉冲的相对展宽值。当光源为多纵模激光器时，$\varepsilon=0.115$；当光源为单纵模激光器时，$\varepsilon=0.306$。$\Delta\lambda$ 为光源的根均方谱宽，单位为 nm；D 为所用光纤的色散系数，单位为 ps/（km·nm）；B 为系统的码速率，单位为 Mbit/s。

光纤的色散效应一般用光纤的频带宽度来描述，而光纤每公里带宽与 L 公里带宽之间的关系人们采用经验公式来计算，常用的经验公式为：

$$B_L = \frac{B_0}{L^q} \qquad\qquad (5\text{-}5)$$

式中：L——光纤的长度（km）；

B_0——光纤每公里带宽；

B_L——L 公里光纤的带宽；

q——系数，取值在 0.5～1 之间，$q=0.5$ 意味着光纤模式转换已达到稳定状态；$q=1$ 意味着模式间很少转换。一般取 $q=0.7$ 左右。在单模光纤中由于只存在一个模式，无模间色散，故 q 为 1。

对数字光纤通信系统而言，系统设计的主要任务是根据用户对传输距离和传输容量（话路数或比特率）及其分布的要求，按照国家相关的技术标准和当前设备的技术水平，经过综合考虑和反复计算，选择最佳路由和局站设置、传输体制和传输速率以及光纤光缆和光端机的基本参数和性能指标，以使系统的实施达到最佳的性能价格比。

在技术上，系统设计的主要问题是确定中继距离，尤其对长途光纤通信系统，中继距离设计是否合理，对系统的性能和经济效益影响很大。中继距离的设计有三种方法：最坏情况法（参数完全已知）、统计法（所有参数都是统计定义）和半统计法（只有某些参数是统计定义）。这里采用最坏情况设计法，用这种方法得到的结果，设计的可靠性为 100%，但要牺牲可能达到的最大长度。中继距离受光纤线路损耗和色散（带宽）的限制，明显随传输速率的增加而减小。中继距离和传输速率反映着光纤通信系统的技术水平。下面我们举例说明中继距离的计算。

例：一个 622Mbit/s 单模光缆通信系统，系统中所采用的是 InGaAs 隐埋异质结构多纵模激光器，其标称波长 $\lambda_1 = 1310\text{nm}$，光脉冲谱线宽度 $\Delta\lambda_{max} \leqslant 2\text{nm}$。发送光功率 $P_T = 2\text{dBm}$。如用高性能的 PIN-FET 组件，可在 $BER = 1\times10^{-10}$ 条件下得到接收灵敏度 $P_R = -28\text{dBm}$。光纤固有衰减系数 0.25dB/km，光纤色散系数 D=1.8ps/(km·nm)，问系统中所允许的最大中继距离是多少？

注：若光纤接头损耗为 0.09dB/km，活接头损耗 1dB，设备富余度取 3.8dB，光纤线路富余度取 0.1dB/km，光通道功率代价 1dB。

解：先利用式（5-1）计算出由于衰减的影响所允许的最大中继距离，再利用式（5-4）计算出由于色散的影响所允许的最大中继距离，两结果的最小值即为最大中继距离。

$$L\alpha = \frac{P_T - P_R - A_{CT} - A_{CR} - P_P - M_E}{A_f + As/L_f + M_c} = \frac{2+28-2-1-3.8}{0.25+0.1+0.09} = 52.73\text{km}$$

$$L_D = \frac{\varepsilon \times 10^6}{B \times \Delta\lambda \times D} = \frac{0.115 \times 10^6}{622.080 \times 2 \times 1.8} = 51.35\text{km}$$

两个中继距离值相比较，显然此系统为色散受限系统，其最大中继距离应为 51.35km。

由上述计算可以看出，在设计一个系统的最大再生段距离时，应分别按照损耗受限系统和色散受限系统的再生段距离计算方法计算，若实际计算值不同，最后选择其中较短的一个为最大再生段距离。

【过关训练】

一、填空题

1．对在数字光纤通信系统中传输的码型主要要求是（　　　　　）。

2．光纤通信中常用的码型有（　　　　）码、（　　　　）码等。SDH 中所用的码型为（　　　　）。

3．模分配噪声产生的机理是，由于光源是（　　　　），当进入光纤时由色散引起（　　　　）而弄成模分配噪声。克服的办法是（　　　　）。

4．啁啾噪声是由于光源的（　　　　　）调制而产生，克服的办法是（　　　　　）。

5．色散情况严重时，将使码元前后重叠，出现（　　　　　）随传输距离的增长变得愈加显著，从而限制了光纤通信系统的（　　　　　）和（　　　　　）。

6．随着传输距离的增长，光纤的传输带宽（　　　　　），传输信号容量（　　　　　）。

二、选择题

1．在其他条件不变的情况下，接收机所需要的最低平均光功率越小，传输距离可（　　　）

A．不变　　　　　　B．越短　　　　　　C．越长

2．光纤每公里带宽的单位是（　　　）

A．MHz　　　　　　B．MHz/km　　　　　C．MHz·km

3．在数字光纤通信系统中，波形失真将引起码间干扰，使光接收机灵敏度（　　　）

A．降低　　　　　　B．提高　　　　　　C．不变

4．（　　　）码不适合在光纤通信系统中传输。

A．5B6B　　　　　　B．HDB3　　　　　　C．1B1H

三、计算题

1．已知某光纤通信系统的光纤损耗为 0.5dB/km，光源入纤光功率为 100μw，光接收机灵敏度为−38dBm，设计要求系统富余度为 6dB，当无中继传输 36km 时，连接器损耗一个为 1dB（考虑收、发各一个），色散功率代价为 1dB，其他因素忽略，试问全程光纤平均接头损耗最大允许值是多少？（每盘光缆长为 1.2km）。

2．若一个 622Mbit / s 单模光纤通信系统，其系统的总体要求是：系统采用多纵模激光器，其阈值电流小于 50mA，标称波长 $\lambda_1=1\,310nm$，波长变化范围为 $\lambda_{min}=1295nm$，$At_{max}=1\,325nm$。光脉冲谱线宽度 $\Delta\lambda_{max} \leqslant 2nm$。发送光功率 $P_T=2dBm$。如用高性能的 PIN-FET 组件，可在 $BER=1\times10^{-10}$ 条件下得到接收机灵敏度 $P_R=-30dBm$，动态范围 $D\geqslant20\ dB$。若设该系统的光通道代价 $P=1\ dB$，活动连接器损耗 $A_c=1\ dB$，光纤平均接头损耗 $A_s=0.1dB$ / km，光纤固损耗 $A_f=0.28dB$ / km，光纤色散系数 $D\leqslant2ps$ /（nm，km），取 Me 为 3.2 dB，光缆富余度 Mc 为 0.1dB / km。试计算最大中继距离。

参 考 文 献

1．黄俊，黄德修，李宏. 通信系统中色散补偿光纤的研究. 北京：光学与光电技术，2005 年 8 月第 3 卷第 4 期.

2．贾嘉. 啁啾光纤光栅在光纤色散补偿中的分析. 广州：中山大学研究学刊，第 27 卷第 3 期.

3．董天临. 光纤信息网【M】. 北京：清华大学出版社，2005.

4．顾畹仪. 光纤通信【M】. 北京：人民邮电出版社，2006.

5．杨祥林. 光纤通信系统【M】. 北京：国防工业出版社，2002.

6．邓大鹏. 光纤通信原理【M】. 北京：人民邮电出版社，2003.

7．王延恒. 光纤通信技术基础【M】. 天津：天津大学出版社，1996.

8．纪越峰. 现代通信技术（第二版）【M】. 北京：北京邮电大学出版社，2004.

9．胡先志，张世海等. 光纤通信系统工程应用【M】. 武汉：武汉理工大学出版社，2003.

10．孙学康等. 光纤通信技术【M】. 北京：北京邮电大字出版社，2001.

11．段智文. 光纤通信技术与设备【M】. 北京：机械工业出版社，2011.